阅读成就思想……

Read to Achieve

心理学普识系列

心由境造

人人都能看懂的环境心理学

朱建军◎著

中国人民大学出版社
· 北京 ·

图书在版编目（CIP）数据

心由境造：人人都能看懂的环境心理学 / 朱建军著
. -- 北京：中国人民大学出版社，2021.7
ISBN 978-7-300-29396-7

Ⅰ. ①心… Ⅱ. ①朱… Ⅲ. ①环境心理学—通俗读物
Ⅳ. ①B845.6-49

中国版本图书馆CIP数据核字(2021)第098656号

心由境造：人人都能看懂的环境心理学

朱建军　著

Xinyoujingzao : Renren Douneng Kandong de Huanjing Xinlixue

出版发行	中国人民大学出版社		
社　　址	北京中关村大街 31 号	**邮政编码**	100080
电　　话	010-62511242（总编室）		010-62511770（质管部）
	010-82501766（邮购部）		010-62514148（门市部）
	010-62511173（发行公司）		010-62515275（盗版举报）
网　　址	http://www.crup.com.cn		
经　　销	新华书店		
印　　刷	天津中印联印务有限公司		
开　　本	720 mm×1000 mm　1/16	**版　　次**	2021 年 7 月第 1 版
印　　张	14.75　插页 1	**印　　次**	2025 年 5 月第 8 次印刷
字　　数	197 000	**定　　价**	85.00 元

推荐序

苏彦捷

北京大学心理与认知科学学院教授

中国社会心理学会生态与环境心理学专业委员会主任

虽然环境心理学曾是社会心理学的一个分支领域，但两者关注环境的不同方面。社会心理学比较多地关注人际环境，而环境心理学则更加关注物理环境。两个领域的工作彼此呼应、互相补充。但相比来看，社会心理学教学和研究的影响要远大于环境心理学，无论是放眼国际还是调研国内心理学培养单位，开设环境心理学课程的院系和相关的教科书都是非常有限的。这其实与各方需求形成了越来越强烈的对比，比如建筑、设计、装潢以及城镇管理等领域都很需要环境心理学相关研究成果的普及和指导。

朱建军教授的这本《心由境造：人人都能看懂的环境心理学》很是应时应景，是一本非常棒的环境心理学科普小书。本来，在很多人的印象里，朱建军教授是释梦大师，我们这些老朋友都戏称他为“朱洛伊德”。但其实他也是国内较早涉猎环境心理学这一学科的学者，还领衔翻译过美国最经典的环境心理学教材。

记得六年前，我在主编高等教育出版社立项的《环境心理学》教材时，除了经典的章节内容，有四位老师建议增加颇具中国特色的章节，内容或与国内外这些年的研究热点有关，或与个人的兴趣和思考相联。其中，我在我们教材的主编序言中特别记录了与朱建军教授的交流过程，回顾如下：

这本教材分为五个部分，共16章。前面13章中，有12章是经典的章节内容，而池丽萍教授所撰写的第10章“地方依恋”则是近年来新兴的研究主题。后面3章的内容是在研讨和酝酿全书大纲时，由赵富才教授（环境与心理健康）、尹可丽教授（文化与环境行为）和朱建军教授（环境的意义与价值）提议增加的内容。特别值得一提的是，在最初的章节设计中，本来只有15章内容。但是，在朱建军教授与我沟通他希望承担撰写的章节内容时，提出“现有的环境心理学研究，受认知和行为模型的影响太大，希望能够在这个领域中有更多的不同范式的研究，比较想写‘环境的象征意义’，内容是人对环境的意义的理解，而不只是对环境的心理反应”。我觉得这样的思考对学科发展是非常有益的，于是当即决定增加一章。另一方面，虽然作者们在每一章节的撰写中都会包括一些目前国内的相关工作，但在这一版《环境心理学》教材中能够有几章在一定程度上反映出中国特色，还是很令人兴奋的。希望我们的这些努力能够使更多学科参与到环境心理学在中国的发展过程中，体现并促进多学科对环境问题的思考和贡献。

看到今天的这本《心由境造：人人都能看懂的环境心理学》的成稿，特别感慨建军教授的执着。他把他的积累最终用这样轻松的形式呈现出来了。尽管没有一般教材中典型的术语、文献以及理论的系统说明，但环境心理学常见的问题指向的思考却被他娓娓道来，真的是人人看得懂、个个悟得出。这种风格也许与他一直从事咨询实践有关，不以单向的输出为目的，而是追求彼此和谐的共鸣。

我很喜欢这本非正统但绝对正派的环境心理学科普作品，希望大家也喜欢。

是为序。

自序 环境亟待人心去改善，还来得及吗

这本书篇幅不长，内容也非热门，不教人如何发财，也不教人如何成功，但我很重视这本书，对中国人民大学出版社和编辑郑悠然帮助我出版它，我颇为感激。

作为心理学工作者，我出版了40多本书。有的书销量很大，比如《释梦》的几个版本发行了超过百万册，《我是谁：意象对话心理咨询技术》先后几个版本也发行了几十万册。

对于这本小书，我估计销量不会像上述两本书那么大，但我还是希望能有更多的人看到它，因为我很看重它。“环境心理学”这个问题很重要，但人们对它的重视却不够。

关于心理学的应用，人们更关注心理健康，更关注如何用心理学来帮助自己成功，更关注如何用心理学来了解他人和改善与他人的关系……这些领域固然重要，但与这些相比，环境心理学却没有得到太多关注。原因不言而喻，毕竟，心理健康了，人的心情就会变好；成功是绝大多数人都追求的；人们希望掌握洞悉人心的办法，也都想与他人构建良好的人际关系……这些方面的心理学读物更加“有用”。

环境心理学并不能立竿见影地带来收益（除非你是建筑师或园林设计师），因此它很容易就被忽视了。不过，如今人们也许应该意识到了，环境问题才是更加根本的问题。如果人类没有学会如何爱环境、如何懂得环境、如何激发保护环境的心理动机，那么环境变得糟糕了，人类的生活就会变得不好。正如电影《美人鱼》中的那句话："如果世界上连一滴干净的水、一口新鲜的空气都没有，挣再多的钱，都是死路一条。"

为什么如今世界的环境处于危险之中？各个领域的人自然会从不同的角度说出各自的原因。按照本书中所讲的环境心理学理论，我给出的原因是：**环境和人的心理是互动的**。

环境是人心的外化。人的心态是什么样的，就会有什么样的内心意象，而人会让环境按照这个意象变化，而后这个环境又会对人的心态产生影响。因此，心怎么样，环境就怎么样。环境危机，实际上就是人心理的危机：心净则国土净，心贪则环境被破坏。

改善人心、保护环境虽然是我的理想，但这本书却不是严肃讨论环境保护的书，而是讲环境和心理的关系的。书中讲了环境对心理会有什么影响，以及人们的心理会如何改变环境。

本书和国外环境心理学读物的区别在于：它们比较重视实际的环境要素的影响，比如拥挤程度对情绪的影响、房间高度对心态的影响等；本书则强调，**影响心理的不是环境本身的要素，而是人们对环境的心理解读**。

比如，拥挤通常会让人感到很烦，但如果是逛庙会，拥挤则会被看作"热闹"，不仅不会让人感到很烦，反而能让人兴奋。又如，山对心理的影响，也要看山的形状像什么：像美女躺卧的山会让人温柔喜悦；像雄狮屹立的山会激发人的雄心。再如，人会把自己的心理和情绪变成环境，将进取心化作高楼、退隐心化作小园。在我们逛苏州园林时，与其说是受环境影响，不如说我们是受建园的那些古人的心理熏陶。环境和人是在对话之中的。人们可以借助被前人所改变的环境，与前人对话。

本书中，**看环境时最关键的是看环境的意象，象中有意，会意就是会心**。对于此中的意味，我觉得国外环境心理学家不大能体会，而作为中国心理学家（顺便说一句，我还是中国社会心理学会环境心理学专业委员会副主任委员），我能有所发明，中国的读者或更可能心领神会。

本书没有直接讲环保，但是能帮助人理解环境和理解人心。本书能让人知道，**环境和人心是交相辉映的**。本书能让人懂得环境之美如何成为人心之美，反之亦然。因此，人们会更爱环境，会成为心纯净敏感的人，而不再只是物欲横流中的饕餮之徒。如果只懂得骄奢淫逸而不懂得看山川之美，那么这种人的生活品质是低下的，希望你不要做这样的人。一旦懂得了环境，懂得了美和爱，自然就会保护环境了。

最近看到了一条新闻：因为很多人把口罩丢到海滩上，害死了不少海洋生物（估计是外国人居多，因为他们还是继续去海边玩）。这样做的人，问题不仅是出在行为习惯上，更是出在心上。他们不关心别的生命，只在意自己的欢乐，因此破坏了环境。我真希望他们也能看到这本书。

以上是我的感慨。我这个人比较容易感慨，你无须像我这么当真。这本书其实不过是一本关于环境心理学的小书，如果你有兴趣读读，了解一点有趣的环境心理学知识，在茶余饭后聊天时作为谈资，也是蛮好的。

谢谢每一位读者。我很感谢你读这本书，更感谢你愿意为它支付书款。你的付出让这本书能印得更多，也让出版社和我有回报，可以更好地继续为大家服务。

2021 年 1 月 27 日

于清远美猫居

目录

01

心由境造，境由心生

这本书是关于环境心理学的。

什么叫作“环境”呢？

如果我们不假思索地给出答案，可能会说环境就是我们周围的物质世界，包括天空、大海、土地、树林、草原、道路、建筑……有时还可能包括作为物质存在的人——因为人多了就拥挤，而拥挤是一个环境问题。

那什么是“环境心理学”呢？

如果我们不多加思考，就会认为环境心理学就是研究环境对人的心理影响的科学。而环境心理学研究则是把环境看作有确定特质的实实在在地存在，人们认知环境，受到环境的影响，从而产生某种心理反应。

比如，有人说“高温”是一种环境的特质，这个特质是实实在在的，是不是高温，可以用温度计来测量，达到某个温度值就可以算是高温。再如，

“噪声”也是一种环境特质，超过某个分贝值的声音就是噪声。“拥挤”也是一种环境的特质，如果某个环境中的人口密度超过了某个值就算是拥挤。他们做了相应的环境心理学实验，发现高温、噪声和拥挤都会让人们产生消极情绪，增加攻击性行为，减少人际互助。

不过，我并不认可这种看法。

原因在于，外物和人之间的关系并非这样简单机械。试图找到一种外部事物和人类行为之间的直线关系，从本质上说是一件很荒谬的事情。比如，气温高就真的是所谓的“高温”吗？真的会让人产生消极的情绪并增加攻击性行为吗？未必。在沙漠中游玩或探险的人，虽然身处气温很高的地方，但是他们可能会很开心，行为也很积极活跃；在许多婚礼上，高分贝的声音并没有给人们带来消极的影响；庙会上非常拥挤，如果不拥挤大家就觉得不热闹，庙会上卖东西的摊主也不会因为人头攒动而降低行为效率。然而，在炎热的夏季，如果办公室没有安装空调，那么员工的确可能会情绪不好且影响工作效率；如果高三学生正在备战高考，而邻居小孩在窗外大声吵闹，那么也可能会让这个学生感到烦躁。

那么，究竟什么是“高温”？高温就是人觉得温度太高了。什么是“噪声”？噪声就是这个声音让人感到烦躁了。声音本身没有噪声、非噪声的区别，广场舞音乐在舞者听来是悦耳的，而在周边住户听来很可能就是噪声。什么是“拥挤”？拥挤就是人觉得太挤了，让自己不舒服了。

环境，也就是“环”着我们的“境”，而我们看到的是什么样的“境”，不仅取决于外面有什么样的物体和状态，还取决于我们的心态。也就是说，我们所感受到的才是我们的“环境”。不同的人在同一个地方看到的不同，他们心中的环境也会有所不同。

王阳明曾说“心外无物”，他的一个朋友对此不以为然。当时，他们正走在山花盛开的山中。朋友指着周围的山花问：“你说天下没有心外之物，那么这棵树上的花，它在深山中自开自落，和我们的心有什么关系呢？”

王阳明回答说："你未看此花时，此花与你的心同归于沉寂；你来看此花时，此花的颜色一时明白起来。便知此花不在你的心外。"

在没有被人看到的时候，花是什么颜色呢？我们通常会认为桃花红、李花白，但是如果我们认真地思考就会知道，在没有人看到的时候，花并没有颜色可言。花瓣会选择性地反射某种频率的光，但是光的频率并不是颜色，只有人看到了它，这个频率的光才被人脑当作一种颜色。然而，即使同样频率的光被狗或蜜蜂看到，狗和蜜蜂眼中的颜色与人眼中的也完全不同。对于同一朵花、同一棵树而言，其在人、狗和蜜蜂眼中的样子，哪一个是"真的"样子呢？理性的回答是，对于人，人眼中的样子是真的；对于狗，狗眼中的样子是真的；对于蜜蜂，蜜蜂眼中的样子是真的。可以说，不同的眼睛看到的不同的样子都是有条件的相对的"真"，但并没有一个绝对的"真"。

人与人之间存在共性，因此不同的人看到的花可能基本上是同样的颜色。因此，人们通常会默认存在一个对大家而言都一样的外部环境。把外部环境看作一个实在的东西，研究这个环境在一般情况下对大多数人的影响并非全然行不通。不过，这样的环境心理学有其局限性，它更适合研究那些简单的环境心理学问题，研究那些和人的基本的认知活动有关的环境心理学问题，比如：

- 人（通常）是如何认路的；
- 人（通常）对拥挤会有什么反应；
- 人（通常）喜欢什么样的环境等。

这样的环境心理学研究难以解释诸如此类的问题：

- 不同民族的人对环境的感受有什么差异，这些差异和文化有什么关系；
- 纪念性建筑对人的影响如何；
- 在一个小院子中种什么花最能让这个小院的主人开心。

复杂的环境心理学问题来源于人的复杂性。人和人之间在基本的认知活动（如视、听等感觉）方面大致相似，虽然敏感度不大一样，但是色盲或色彩感觉格外敏锐的人还是少数。然而，人和人对同一个事物的态度、理解、想象和联想则可能大相径庭。不同性格或不同文化背景下的人，对事物的理解和想象存在非常大的差异。比如，十字架形状对于天主教徒来说是神圣的，而对于道教徒则并没有特别的意义。这样的差异会带来更复杂的环境心理学问题，而这些问题需要用这样的环境心理学理念来解决：**环境不是一个纯粹客观的物质存在，而是人与外物互动的产物**。

在这本书中，我们将探讨的正是这种在人和外物互动的过程中产生的环境心理。

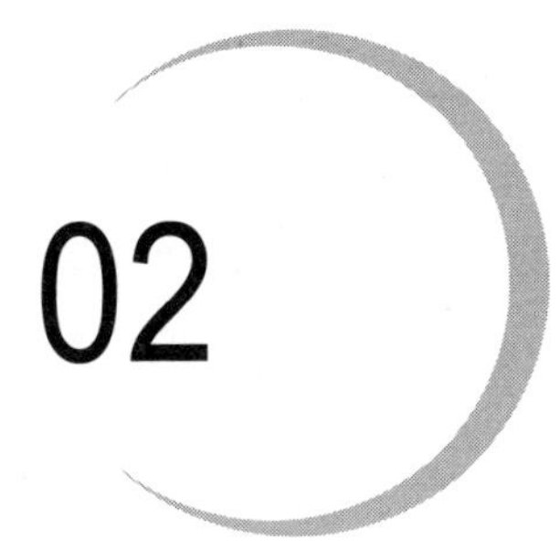

02 “怎么看”的艺术

本书的核心理念很重要，所以要说不止三遍：**环境是好是坏，不仅取决于它的物质状态，更取决于人们赋予了它什么意义**。也就是说，环境和看环境的人共同构成了这个意义。

因此，“怎么看”很重要，可以用各种方法来影响人们看环境的方式，从而改变人们对环境的感受。

其中一个方法就是，从某个特别的角度去看。你在生活中也会有这样的经验：同一个事物，从不同角度去看，它呈现的样子可能天差地别。比如，篮球运动员看小姑娘，大概会觉得她们绝大多数都是尖下巴；而一个高个子瓜子脸的美女和矮个子的男士站在一起，那位男士可能会觉得美女的下巴肉嘟嘟的。

摄影师和一般人的不同之处就在于，他们更懂得如何寻找美的视角或是如何呈现更有特点的画面，因此他们可以拍出美到让人们感到惊艳的风景照，而一般人到那个地方拍的照片却相形见绌。

如果你在旅行时身边恰巧有位导游或者摄影师，那么他可能会告诉你可以从某个角度去看，带着某种预期去看，你就会看到特别的景象。例如，我到桂林漓江旅游的时候，导游告诉我们说，江边有片崖壁，如果你仔细看，就能看出许多马的形象，而且你能看到的越多，就说明你越聪明。于是我们大家就仔细看，或多或少都看到了一些马的形象。导游又说某座山的形状是猴子摘桃，于是我们就看到了猴子的形象。

然而，我们的身边并不总是有导游或摄影师，因此设计者可以在环境中设计一些告诉我们“怎么看”的设施。

旅游风景区的观景平台就是这样一种设施，它告诉我们：这里是适合观赏美景的位置。

风景区建筑中的其他一些构造也起到了类似的作用，比如中国古代园林中的花窗。它精确地决定了你站在那里向外看，会看到什么东西。因此，一个花窗就等于一幅摄影作品，而这幅摄影作品的内容是随着季节而变化的，花窗的边框构成了这幅作品的画框。花窗就是设计者的语言，它对每一个来园林中游玩的人说：“来，站在这里往外看一看，景色不错。”这就是我们所说的“前人和后人以建筑为媒介进行的对话”。

中国古代园林中的栏杆，对向它走来的人说：“倚靠着我，你会在这里看到美丽的风景。”水边的栏杆，是让人们看水用的；高台的栏杆，是让人们往远处看用的；院子里的栏杆，是让人坐下看花用的。如果一个地方没有风景可以看，就不需要栏杆。“独自莫凭栏”，意思是说“自己一个人的时候就不要去观景了（免得伤感）”，而不是“不要扶着栏杆”。

借景也是“怎么看”的艺术。如果附近有美丽的风景，我们就可以通过建筑设计，让这些风景看起来像是建筑群的一部分，这也是一种“看”的艺术。

现代建筑也一样控制着我们的眼睛。海滨别墅的落地窗无疑是为了让我们把目光投向大海；在电视塔顶层或其他城市制高点开一家餐厅，其巨大的玻璃窗告诉我们，可以在这里俯瞰城市全景。可以说，任何窗户都在无形中让我们把目光投向相应的方向。因此，景区建筑的所有窗户的设计，都要考虑“从这里看什么”。我们平时的住房，从窗户看出去是什么，对我们的心理有重要的影响。窗户朝南、朝东，还是朝西，这不是最重要的，重要的是“窗外的东西是会让我感到愉悦，还是感到压抑，或是感到丑陋肮脏”。如果窗外的景色是美丽的，那么我们的心情就是愉悦的，如果窗外是令人压抑或者肮脏的景象，我们的心情就会受到影响。如果不巧的是，我们的住房窗外的确有不理想的景象，那么可以通过窗帘来调节我们的视觉感受，从而减轻不好的影响。

室内环境中，镜子或者其他能起到镜子作用的反光体，对我们的“看”也是比较关键的。镜子就是用来看的。镜子安装在哪里，决定了我们在什么地方看，从什么角度去看，以及会看到什么。

镜子还有一个有趣的特点，就是可以让我们看到自己身后。人没有前后眼，但是有了镜子，使我们似乎有了“后眼”。从心理学的意义上说，这和安全感有关系。我们的眼睛不能看到自己身后，所以身后象征着“未知区域”。人生中有许多事情是我们所未知的，而这些未知区域常常让我们感觉到危险。这与我们在走夜路时，总是担心身后有什么可怕的东西，却很少担心迎面走来一只鬼类似。

从理论上讲，镜子能让我们看到身后，我们应该感到更加安全，因为我们的视野没有死角了，有什么危险就更容易看到。但是实际生活中却并非如此，从镜子看到身后反而会让我们更加恐惧。我不知道大家是否也有过这样的经历：夜里站在酒店厕所的洗手池前，总觉得镜子上会突然有什么可怕的人或怪物出现在自己身后。

这是因为，我们每个人在潜意识中都有一些被压抑的消极的心理内容，我们希望自己能忘记它们的存在，也许是不堪回首的过去，也许是童年的创伤经历，也许是不能面对的自我……当我们看到镜子所反映的身后的场景时，我们会把“身后”象征性地理解为“自己潜意识中被压抑的心理内容所在的地方”，所以我们看镜子时，可能会有一种潜意识中被压抑的内容浮现出来的感觉。如果一个人有心理问题，有被压抑的过去的心理创伤，那么在设置镜子时要格外小心，因为它有可能会唤醒一个人的心理创伤，或者至少使得这个人产生不安全的感觉。

好在镜子的这种不安全感效应只在晚上才较为明显，白天通常不存在。因此，我们只要保证自己晚上睡觉的地方没有镜子，就不会受到影响了。

梳妆镜的面积比较小，除了在镜子中看到自己之外，至多够一个恋人在凑得很近时才会露出一张脸来，所以基本不会存在这个问题；相反，比较大的镜子就很难避免这种问题。

餐厅中大面积的镜子，可能让相对比较小的餐厅在视觉效果上增大一倍，但是这样的餐厅，如果自己晚上一个人去，是会感到有些害怕的。

非常光滑的金属表面也有同样的问题。我们比较容易想到镜子，但却会忽略金属表面其实也与镜子类似。在室内装修时，同样需要考虑到金属表面的影响。

管理了“怎么看”，就管理了“看到什么”，进而管理了“想到什么”，最终管理了心理感受和心理效果。

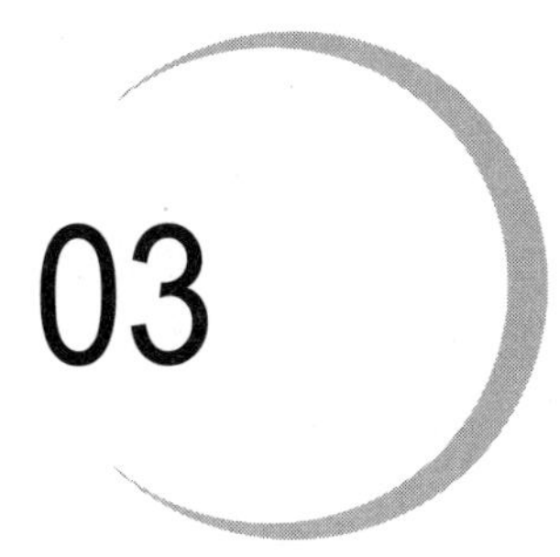

03

人与环境的对话：
我见青山多妩媚，料青山见我应如是

辛弃疾词云："昨夜松边醉倒，问松我醉何如。只疑松动要来扶，以手推松曰去。"

陶渊明诗云："采菊东篱下，悠然见南山。"

苏轼词云："绣帘开，一点明月窥人。"

…………

中国古人最懂得境和人之间并非独立、隔绝的，而是互动、相融的关系。

人们看、听、接触一个环境，所感受到的境不是单纯的外物，而是人所理解的环境。人对环境会产生喜欢、厌恶等种种心理反应，随后又会产生趋近、逃避、改造等种种行为反应。人的反应对环境产生了影响，留下了人的痕迹。而这个带有前人痕迹的环境，又会被后人所认识。

后人再来看、听、接触这一环境的时候，所感受到的境中就有了前人的心，以环境为媒介，后人和前人建立了心理联系。对这个包含了前人心理信息的环境，后人又会产生种种心理反应，种种趋避、改造等行为反应，于是又留下他们的痕迹。

这个过程可以说是一个无穷无尽的对话过程：人和环境对话，人通过环境和前人对话，人通过改造环境和未来的人对话，人和被人改造过的环境对话。

环境心理学，就是对话的心理学。

让我来展开说一说这个过程。

人在观察环境时，并不是像照相机一样复制环境信息，而是通过“解码”或“识别”等过程来认识环境。也就是说，人在观察环境的时候，会对环境进行识别、归类等心理操作，人所看到的是基于这种操作得到的结果。

比如，我现在向窗外一看，看到的并不是“一个长方形灰色物体，在这个大长方形内有许多整齐排列的小长方形”，而是“对面有一座灰色的楼，墙上有许多窗户”。也就是说，**看就是识别的过程，识别的结果就是我们所理解的环境**。

环境中并不真实存在的形象，也可以被我们“看”到。比如，天上的白云，其形状本身可能并没有什么意义。但是，如果一个人对另一个人说“你看这白云，多像一只羊啊”，那么这个人再去看的时候，这白云就呈现出了一只羊的形状，这个人仿佛真的看到了羊的形象。在这个过程中，人并没有真的改变白云的形状，但是通过观察时的识别过程，把自己心里的云变成了羊的模样，而他对另一个人说的话，又把对方看到的云变成了羊的模样。这种特殊的“看”，使得天空中出现了并不真实存在的羊的形象。

由于每个人有不同的动机和需要，因此人们对环境中的物体会产生不同的感受和情绪。比如，我们带着休闲的心情来到草原，躺在草地上，看到天空中的朵朵白云，会觉得它们都像白羊一样。草原上的羊是可爱的，而天空中的白云像羊一样，也是可爱的，因此我们的心情会很愉快。

辛弃疾饮酒后，看到身边有松树。而在他的心中，松树象征着隐逸、自然和智慧等，他把松树看作心灵的朋友。在这种心境下，他就会“问松我醉何如”，并且怀疑松树动了，来扶自己了。于是，他就以手推松，像推开一个朋友一样。陶渊明之所以对南山情有独钟，是因为前辈就是归隐在南山中，因此对于他来说，南山就是隐逸精神的化身。悠然见南山的时候，就是他和南山在对话。

人对物所做的事，会在环境中留下痕迹。比如，诗人看到险峻的山峰，产生一种激情，于是在崖壁上题写了诗词，那么这座山就留下了这个人的痕迹。这就是山影响了人之后，人对山的一种回应。而这片题写了诗词的崖壁，就成为后人所看到的环境的一部分。

假如有个人看到了崖壁上题写的诗词后认为写得很好，并借助这首诗词的引导来看这座山，感受到了和诗人类似的情感，那么这就是诗人和后人以山为媒介进行了一次对话。

在一次次对话后，环境中融入了很多人的心理活动信息，于是后人就会产生很多感受，仿佛接触到了很多古人。

杭州西湖不过是一个湖，从物质层面上来说和我们家附近的朱家水洼并没有多少区别。然而，一旦我们知道白居易、苏东坡、林和靖、苏小小、柳如是、秋瑾、潘天寿、弘一大师都曾在西湖泛舟，那我们就会产生截然不同的感受了。因为在这个环境中，有这么多前人留下的痕迹。

当然，还有很多环境完全是人工制造的，比如各种纪念碑、雕塑等，其中包含着制造者的心理活动信息，可以看作建筑师、艺术家留给后人的话语。当后人看到这纪念碑、雕塑时，就等于在倾听那些建筑师或艺术家留给大家的话语。他们可能会理解，也可能会误解，还可能会完全不解，但这都是一种对话。

环境心理学可以说就是这种对话中的语言学。在这本书中，我就如同一个翻译，告诉你不同的环境分别在说什么，你会在环境中听到什么，而你所听到的又是如何影响你的喜怒哀乐的。

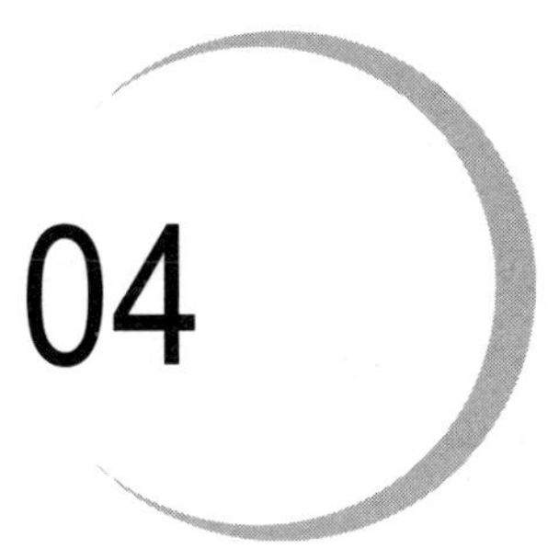

04

心眼看世界，万物皆清楚

人和环境之间，以及人和人之间，其实是在以环境为媒介而进行一种对话：人理解环境的“语言”，并表达自己的“想法”，然后这种表达印刻在环境中，又让后人去理解。

人是用什么思维方式来理解环境的呢？当我们看到一座房子，也许会感到很舒服或是不舒服。为什么会有这种感觉？我们的内心想到了什么？我们又是如何把自己的内心活动在环境中表达的？有人建造了一些在我们看来奇形怪状的房子，他们是在表达什么意思呢？

这种“对话”是用什么逻辑和语言进行的呢？在大多数情况下，显然不是用日常所用的这种逻辑思维和语言。

例如，我们看到月亮，并不会去想月亮的意义是什么，而是立刻会感到一种情怀；我们看到长城，也不需要先回忆中学教科书中所写的长城代表中国人民的什么精神，而是立刻会觉得壮观。

这时候我们所用的认知方式，实际上是一种原始的认知方式，这种方式可以叫作形象思维，但更合适的叫法是原始思维或原始认知。

这种认知方式是人类在没有使用逻辑思维之前的时代所运用的，更加原始。简单地说，它是用隐喻和象征的方式来理解世界上的各种事物及其关系。人们在写诗、进行其他艺术创作以及体验宗教的时候都是用这种方式来思考的。同样，当人们醉酒、高烧或者静坐冥想的时候，也会用这种方式来思考，所以李白醉酒之后创作的诗歌更为美妙。

原始认识始于意象。所谓意象，就是含有象征意义的形象。比如，科学家眼中的蛇，就是一种爬行动物，但是作为意象的蛇，则含有“神秘”“性感”“危险”“邪恶”“智慧”等各种象征意义。所以，蛇的意象会勾起人的多种情绪感受，如恐惧、被诱惑等。

原始认知中，相似的东西会被看作有关系。比如，蛇是神秘、性感和危险的，那么像蛇一样的东西也有类似的特质，会给人们带来类似的感受。女性穿上黑丝袜，特别是有暗条纹的黑丝袜，使其大腿看起来有点像一条蛇，于是她也会变得更加性感、神秘，也让人有点恐惧。

意象和意象之间也有联系。比如，蛇吃青蛙，因此在人们的原始认知中，样子像蛇的东西就会压制样子像青蛙的东西。如果一栋楼的外形像青蛙，旁边另一栋楼的外形有点像一条蛇，那么原始认知的结论就是前者会受到后者的压制，也就是说在前者中居住的人会遇到危险。

这显然不科学，不过人们在心灵深处往往就是这样认识世界的，而且会受到这种认知方式的影响。即使是那些非常相信科学的人，也同样会受其影响，且这种影响会引起他的情绪反应。这些情绪反应可能并不明显、强烈，但是时间长了就会对人的身心造成一定的影响。

人和环境对话时，使用的认知方式就是原始认知。因此，我们要了解环境对人的影响，就必须用原始认知的方式来思考，而不能仅仅用逻辑思维。**环境和人的对话是用意象来进行的，而不是用逻辑进行的**。

我研究的一个心理学分支叫作意象对话，它专门研究这种原始认知方式下的心理活动。环境和人的对话也属于意象对话，因此在本书中，我们会用这种方法来研究环境心理学。

如果有人坚持认为逻辑思维才算科学，不认可原始认知或者意象对话，那么不妨想象这样的场景：假设你吃饭的时候，面前的电视机中正在播放一个画面——从一团黏糊糊的黄褐色的东西里冒出一些白色的蛆虫，还有许多苍蝇在四周飞舞。这时有个人走过来，抓起这团黏糊糊的东西吃下去。按理说，这不过是一些电视画面而已，不会对你产生任何实际的影响，摆在你桌子上的食物还是同样的味道。但是，你能像往常一样吃饭，不受这个画面的影响吗？我估计大多数人都会受到影响，他们的食欲都会被这个画面摧毁。

同样，假如你住在一个青蛙形状的帐篷中，打开门就看到前面有个帐篷，仿佛蛇一样张开大口对着自己，你会住得很舒服吗？想必不会吧。

我们在环境中看到形象，把它看作意象，然后受到其影响，这就是我们倾听环境的方式。而我们按照自己脑子里的意象去改变环境，就是我们对环境说话的方式。

《大话西游》中至尊宝说，当用心眼看世界的时候，所有的一切都可以看得前所未有地清楚。这种所谓的“心眼”就是原始认知。每个人在潜意识中都在不知不觉地使用原始认知，但是很少有人能有意识地使用这种认知方式。

这本书就是用这种心眼来看环境，以及环境和人的对话的。

05 我们生活的环境

本书中所探讨的环境有以下这几类。

自然环境

如果说自然环境就是完全没有受到过人的影响的环境，那么在这个地球上恐怕早已没有这种自然环境了，即使是珠穆朗玛峰上也有大量的人类遗留物；南极也早已有了人类活动，现在已经成为一个旅游目的地了。也许在这个地球上，只有深海还没有受到人类太大的影响。

我们仰望天空时，看到的太阳、月亮和星星以及蓝天和白云，也只能说是近乎自然的，因为我们往往是透过厚厚的大气层来看它们。

多数时候我们所说的“自然环境”，只是一种比较类似于自然的、受人类影响相对较少的、人造物很少而植物和动物比较多的环境。

虽然某些自然环境没有受到人类太多影响，还没有被人类改造，也没有留下人类活动的痕迹，但当人们看到它们时，仍然会赋予它们某种心理意义。

例如，太阳象征着智慧、力量和爱；月亮象征着温柔、滋养和变幻；星星象征着神秘、灵感或者天真；蓝天象征着开阔的心胸；白云象征着自由的灵魂……而那些人类制造物极少的、由植物和动物构成的自然环境，在中国人心中常常象征着“没有被社会污染的赤子之心，纯洁善良的心”。

住所、活动环境、园林、道路等

住所

对人类来说最重要的环境就是住所，或者被称为居住环境。住所质量的好坏直接决定了生活质量的高低。古代的堪舆术最主要的用途之一就是帮助人们找到适当的住所（包括帮助死去的人找块好墓地）。好的住所会给人带来安全感、舒适感、归属感、美感和满足感等各种积极感受，让人得到休息，恢复体力和精神。

古代堪舆术的种种法则都是为了实现上面这个目标。比如，道路直冲住宅不好，因为房门正对着路，隐私感和安全感太差；住宅门前有反弓形道路也同样会让人感到缺乏安全感；房屋附近有坟墓，会让人联想到死亡，从而感到不舒服、不安全；出门就面对高山，会让人觉得压抑。

活动环境

人类的各种不同活动，对环境的要求不一样。

商业环境首要的要求是交通便利。交通便利则可以使消费者节省很多花在路上的时间，这相当于降低了交易成本。此外，开放性要好，方便大家来往。喧闹对于住宅来说是缺点，但对于商业环境而言却未必。商业环境就是要营造丰饶感。

学校则需要比较安静、平和的氛围。学校环境的丰富度不能太高，如果充斥着各种琳琅满目的东西，学生就比较容易分心，对学习不利。然而，学校环境太单调也不行，学生会感觉沉闷、无聊，会变得无精打采，同样不会有好的学习效果。

医院环境的重点是方便。患者多行动不便，如果环境太复杂且不方便，他们就会感到很劳累。此外，医院环境也应该便于治疗活动，比如身体检查、诊疗和取药等不需要走很远，并且对于不同的科室都要有清晰的指引。住院的地方最好生活方便，并让患者感到有一定的控制感。

监狱环境的重点是让狱警有可控感。因此，犯人的隐私必须被牺牲，以便让狱警随时观察犯人的情况。犯人的行动范围也必须加以限制，才能避免不安全事件的发生。

体育场所的要求是适合相应的体育活动的需要，保证活动的安全。

园林

园林能疗愈人心，其主要作用就是让人获得快乐、舒适、满足和美的享受。园林还可以帮助人们放松，并消除疲劳、紧张和焦虑感。园林对人们的身体有益，对心理健康更有益。园林环境的要点是要有美感。

室内环境

意象对话的一个基本发现是，人们会用房子象征自我，而房子内部的环境则象征着内心的各个部分。因此，一个人的内心状态会对他建造或挑选什么样的房子有影响；反过来，一个人所居住的房子内部的环境，也会影响他的内心。

古代中国人对这一点有深刻的感受，他们把相关经验总结出来，也就是人们常说的“室内风水”。当代人怀疑“风水”是迷信，对这些经验也常常不重视，其实我们不需要用神秘化的“风水”来解释，用环境心理学的理论就可以很容易地解释那些“风水原则”。我们也可以从环境心理学中得到更多关于如何设置室内环境的知识。而且，从环境心理学的角度出发，我们还可以更灵活地运用室内环境设置的方法，而不必拘泥于传统室内风水的那种固定的准则。

本书不能详尽地论述所有的室内环境心理学知识，仅举一例来说明一些原理。

比如，天花板高的房间，适合需要运用发散性思维的、充满想象力的活动；天花板低的房间，适合细致的、具体的工作。因此，如果你是个画家或小说家，那你最好在一个天花板高的房间中创作；而会计或者程序员则更需要一间天花板低一点的办公室。

这是因为人在高而大的空间中会不自觉地放松身体，而身体放松的时候也更容易自由地思考。当然，即使是在一个天花板比较低的小房间中，也足够一个人舒展身体了，但是从心理上说，人们不会那样去做。因为身体放松后，人的心理空间也就加大了，而小房间“装不下”那个更大的心理空间。我们可以回忆一下自己在海滨散步或者在大草原游玩时的感受，我们感到自己的身体更舒展了，不自觉地张开双臂，心胸也更加开阔，而这个时候我们也有了更大的思想空间。天花板高的房子，虽然没有海滨那么开阔，但毕竟更为宽敞一些。当然，这里所说的是正常比例的房间，如果天花板很高，但是房子面积很小，那感觉又不同了——人会觉得自己仿佛在一口井里，会产生一些消极的感受，并不会感到自由自在。

在天花板比较低、空间比较小的房子中，人会不自觉地收缩身体——身体会轻微蜷曲，胸会夹紧一点。身体和心理是互相作用的，身体收缩的时候，内心也会更紧张或者说谨慎，就仿佛害怕碰翻什么东西一样。在这样的状态下工作，能够减少出错。

需要注意的是，天花板高并且比较宽敞的房间，并不能让任何人都感到自由。如果一个人没什么安全感，那么在这样的房间中反而会感到不安，并且会更强烈地收缩身体。他的想象力也许会被激发，但是大多是一些可怕的想象，因此这样的房子对他来说并非好的选择。

室内的布置、装饰物或家具，对人的心理影响也不容小觑。家中的每一样东西共同构成了一个小世界，营造了一种情绪氛围。柔软的布料、柔和的灯光可以打造一个温馨的家；炫彩的灯光、现代感十足的家具可以打造一个时尚的家。这对于不同的人有不同的意义。不同的氛围以及不同的生活方式，会潜移默化地影响人的性格特点。

网络和虚拟环境

现代人不仅活在现实世界，很多时候也活在网络和虚拟世界中。现代人正逐渐变成“网上动物”，除了空气、水和食物之外，网络（尤其是 Wi-Fi）也变成不可或缺的生活必需品。因此，网络和虚拟世界的环境对人的心理影响越来越大。

虚拟世界和现实世界不同，它可以让人更加自由地创造，因此对心理健康很有帮助。如果我们在现实生活中无法满足，就可以创造一个在现实中不可能存在的或者需要很大成本才能实现的虚拟环境，去满足我们内心的需要。

然而，目前对此的相关研究还很少，环境心理学家还不是很清楚该怎么做，今后可以在这个方面多做研究。

06

透过文化的眼睛去看世界

外国人和中国人看到的环境是一样的吗？

从生理学层面说，当然没有什么不一样。中国人看到的白云，在外国人眼中也一样是白色的，不会因为他们的眼睛是蓝色的，看到的白云也变成蓝色。

但是实际上，即使是同一种颜色，在不同个体的大脑中还是会有细微不同的。心理学家发现，语言的不同会让人们眼中的颜色有所不同。光谱中的颜色是渐变的，在相邻的两种颜色之间，哪里是它们的分界？这是和语言有关的。语言中表示各种颜色细微差别的词越多，这种语言的使用者就越能细致地表达各种颜色的不同。假设一种语言中，只有“红”这一个词表示与之相关的颜色，而另一种语言中有大红、橘红、绛红、粉红、玫瑰红等很多词，那么这两种语言的使用者识别红色的精细度就大为不同。研究表明，颜色词较少的语言的使用者，对颜色的细微差别的辨别力也比较差。汉语中的颜色词和英语中的颜色词是不同的，中国人对颜色的感知也不同于英语国家的人。例如，汉语中的“青”这个颜色词，既不对应英语中的绿色，也不对应蓝色，因此英语国家的人无法理解中国人所说的青色究竟是什么颜色。当然，现在这种文化冲突表现得并不明显，因为中国人已经习惯于用蓝色、绿色等来源于英语的词汇来表达颜色了。

再如，蒙古语或者中国古代汉语中，描述不同的马的词汇比较多。比如，古代汉语中有“骊”“骠”等，现在我们已经不大使用这些词汇了，日常词汇中除了小马叫作“马驹”，成年的都被称为“马”。因此，我们对不同的马的感知能力，就比古人或者蒙古人要差一些。

再如，当我们仰望天空中的群星时，虽然中国人和外国人所看到的星空从本质上说没有区别，但是我们所看到的却是不同的景象，因为我们把星星连在一起构成星座的方式不一样。不同文化背景的人在天空中看到了不同的星座图形。同样一颗星，在中国人眼中是织女，而在希腊人眼中代表着在古希腊神话中被英雄赫拉克勒斯杀死的斯廷法罗斯湖怪鸟。

也就是说，面对同样的环境，不同文化中的人在想象和思维的层面可以极为不同，其心理感受也将迥然不同。中国人看到织女星，感受到了温情、巧手的喜悦，或者还有“天赐良缘”的幻想；而希腊人感受到的是英雄即将杀死怪鸟时那种激动、紧张和豪迈的心情。再比如，一看到梅里雪山，当地藏族人心中会油然而生一种神圣的感受，而对于其他人来说，这座山就只是一座挺好看的山而已。这是因为不同文化中的人对所看到的事物的心理信息加工方式是不同的，而由此带来的回忆和联想等也是不同的。即使看到的景象一样，产生的意象也是不同的。比如，中国人看到月亮上的阴影，会觉得那阴影的形状有些像一位古装美女，然后脑海中就出现了中国人都知道的嫦娥的形象。而有些西方人则觉得那个形状像一张忧愁的人脸，因此他们不会联想到美女，而是联想到一个老人的形象。

进而，不同文化中的人对看到的景象所赋予的心理意义和他们心中的价值观也是不同的。

一种环境的意义是什么，不同文化给出的答案是不同的。当我们到海滨度假，躺在沙滩上晒太阳，或者在浅浅的海水中戏水时，我们也许会以为这是一种和文化无关的天然的娱乐活动，但是实际上不是这样的。百年前的中国，似乎很少有人会觉得到海滨晒太阳是一种很快乐、放松的活动。唐诗宋词没有描写过海滨度假。“东临碣石，以观沧海”是说在礁石嶙峋的海边一边看大海，一边感慨人生，并非在海边休闲娱乐。实际上，正是因为受到西方文化的影响，中国人才开始到海边去度假——这是西方文化对中国文化的浸染。当然，我们也可以在海边看到中国文化的痕迹。比如，我经常看到青年男女在海边互相泼水，这倒是很中国化的。过去，在小溪或小河边洗衣服的女孩子经常用泼水的方式和小伙子调情。而中国的海滩上至今依旧很少见到沙滩排球，海水中也很少有冲浪的人，这也和西方国家有所不同。

我最喜欢的江南烟雨，是中国传统文化培养出来的一种审美偏好。其他文化通常对这种细雨蒙蒙的天气并无偏爱，中国人则感觉这种天气有一种独特的风韵。当然，江南烟雨的天气，还需要搭配粉墙青瓦的房子、远处的庙宇、湿漉漉的青石板小路、偶尔遇见的花树、拱桥以及河上的小船，还有打着油纸伞走过的女子，才是真正的“最江南的景致”。在这样的环境中，中国人内心会产生一种特有的、带有淡淡感伤的愉悦情绪。这种情绪难以言传，只有用诗词才可以表达一二。其他文化中的人是很难真正理解这种感受的。

归根结底，不同文化对环境的不同感受反映了不同文化的环境价值观。西方园林中，树要修剪整齐，道路要直，广场要开阔，建筑格局中常常是标准的几何形状。这是因为基督教认为人是上帝最主要的造物，而自然界是上帝为人类造的，所以要尽可能地改造环境，以适应人的需要。

从一个双关图形中，我们会看到不同的两个画面。哪个是正确的呢？都是。我们生活的这个世界，也可以说是一个多关的图形，不同的文化有不同的看待方式，所以看到的就是不同的样子。我们生活在同一个地球上吗？从物质层面上说，当然是。但从内心所看到的世界来说，不同文化中的人，生活在完全不同的世界。古代中国人的世界中，天是圆的，地是方的；而基督教徒的世界中，空中有天堂，地下有地狱。从心理层面说，这就是不同文化、不同时代的人所认识的不同世界。

07

从“心理考古”看环境意象

题目中的“心理考古”是我杜撰的术语。若干年后，这个术语可能会非常流行。

过去考古，主要靠挖掘。当然不是用蓝翔的挖掘机，而是用精细的小铲子之类的，挖掘出古代墓葬中、远古人类遗址中或者化石层中的物理遗留物，然后通过分析这里面发现的东西来推测、印证古代所发生的事情。当然，水下考古不是挖掘而是打捞，洞穴考古则是钻洞。

现在又有了一种新的考古方式，是通过一种古代遗留下来的活的东西进行的，那就是基因考古。这种新型考古不是在土地中、海水中或者其他地方寻找古代遗留物，而是从死去或者活着的人的基因中寻找。通过分析人的基因，可以获得很多的信息。例如，小到曹操的基因有什么特点，以及曹操墓中的尸骨是不是曹操本人。我个人希望，有一天秦始皇墓能被挖开，通过和其他秦王的基因对比，看看吕不韦究竟是不是嬴政的亲生父亲。大到了解远古人类迁移的历史，从而知道印第安人是如何从远东迁移到美洲的，或者尼安德特人和智人是否有过后代。

将来会出现的一种考古方式叫作“心理考古”。心理考古不是利用人的肉体以及其中的基因，而是通过分析人的精神世界，发现那些留在人的精神世界中的古代遗留物，并以此来反推人类的历史事件。

荣格心理学的一个重要发现是“原型”，他说人的精神世界中存在一种潜在的感受和行为的倾向性，这种倾向性不是后天的人生经验带来的，而是先天的，是人类在世世代代的生活中形成的。比如，母亲都有一种喜欢孩子、愿意保护和养育孩子的倾向，这就是所谓的“母亲原型”。这种倾向更多来源于本能，正常的女性生了孩子之后，不需要别人教育就会本能地喜欢自己的孩子。这种原型就是人的精神基因，它们是人类长期进化的产物。通过发现人的各种原型，就可以进行心理考古。

当然，人类有些经历并没有久远到可以形成一个原型，但是也会在精神世界中产生一定的影响，从这些影响出发也可以进行心理考古。

人类世世代代生活在某种环境之中，因此，人类精神世界中一定有某种与环境有关的感受和行为倾向（虽然有些已经成为原型而有些还算不上），简单来说就是，**人天生就偏爱某种环境**。为什么人会偏爱某种环境呢？有些是人类几万年来形成的习惯，这叫作原型；有些还没有那么久远，所以不叫原型，但也还是有某种倾向。

人类所喜欢的环境，就是在人类长期发展历史中经历过的环境。人喜欢什么样的环境，实际上是一种代代相传的“乡恋”，也就是说，人喜欢自己祖先世世代代生活的那个故乡。而全世界的人天生都喜欢的环境，就是全人类共同的故乡，这是一种更广义的“乡恋”。一个人会怀念自己童年生活过的故乡，一个民族也会怀念先民生活过的那个故乡，而全人类会怀念人类共同的故乡。或者我们反过来说，**人类在远古时期生活的环境，决定了今天的人们天生喜欢什么样的环境**。

那么，人类天生喜欢什么样的环境呢？我们可以想一想自己天生喜欢什么样的环境，并在脑海中勾画一些我们所喜欢的环境的心理意象。

首先，我们都喜欢有绿色植物的环境，而不喜欢不毛之地（例外当然有，以后再分析）。我们喜欢树木、草地，更加喜欢鲜花。很多环境心理学家反复研究，发现有植物的环境可以让人感到放松、喜悦和舒适。当人心理压力太大或是身体处于亚健康状态的时候，如果能到一个植物丰茂的环境中生活一段时间，他们的身体和心理状态就都会向好的方向转变。即使没有机会去这样的地方度假，在办公室中放上几盆绿植，也多多少少有一定的积极作用。甚至连塑料做成的假树和假花，也能给人带来少许慰藉。鲜花更是所有人的挚爱。漫山遍野鲜花盛开的场景，可能是人类所能见到的最像天堂的一幕了。

其次，所有人都喜欢清澈湛蓝的天空，以及天空中飘着白云的场景。所有人都喜欢清澈的湖水、河流、小溪，也喜欢大海，尤其喜欢在沙滩上欣赏微波起伏的大海。当然，享受沙滩和大海的一个必要条件是晴朗且气温适宜。全世界有那么多海滩被开发成旅游胜地，不同国家、不同民族的人们都可以在这里得到享受。

当夜幕降临，大概没有人不喜欢篝火晚会。人们喜欢一边看着木头燃烧，一边听那噼噼啪啪的声音，喜欢围着篝火烤肉、唱歌跳舞。

最后，人们心中的好环境，还要有可爱的动物，比如小鸟、蝴蝶、小松鼠、浣熊、兔子、羊以及水中的鱼虾。而那些危险或者有害的动物则不受欢迎，没有谁喜欢在郊外野餐时看到毒蛇、蝎子、狼，或者在海滨戏水时看到鲨鱼。可能有人会说，对于这一点似乎有例外，因为在一些环境很好的发达国家，人们会很高兴看到熊。熊的确是猛兽当中，人类在感情上更愿意接受的一种动物。原因之一，也许是在象征层面，熊有时象征着母亲。另一个原因是，熊是杂食动物而不是食肉动物，所以对人类的威胁会稍微小一点。

因此，这也许就是远古人类的生活环境和生活方式——在绿荫下和草地上生活，附近有清澈的水源，白天看蓝天白云，晚上在篝火边烧烤、歌舞。基因考古发现，最早的人类生活在非洲，那里是一片长着稀疏树木的草原。如果我们用心理考古与之对照，基因考古的说法似乎是可以接受的。当然，除了非洲，其他地方也有这样的环境，所以心理考古还不能完全验证基因考古的结论。人类也喜欢海滩，海滩和非洲稀树草原的样子是截然不同的。有一种观点解释了人类对海滩的偏好，这种观点认为，人类曾经有相当长的一段时间生活在海边，主要靠吃贝类生活。据说在某些海滨曾经发现大量的贝壳化石，化石的样子看起来像是被人吃过后抛弃的贝壳所形成的，而且这里的某种贝类因为太好吃而绝种了。有观点认为，人类之所以身体上没有毛发，正是因为在海边生活的过程中，常常浸泡在水里，毛发失去了保暖作用，反而使人感觉更冷，因此在进化过程中，人身上的毛发逐渐退化了。野生动物也一直存在于原始人类的生活环境中。天蓝水清也是远古人类生活环境的一大特点，这当然是不容置疑的事情。

写到这里，我不禁感慨，原始人类的生活可能真的不像我们以为的那么苦，生活环境更是比现在要好得多，也许与我们今天到郊外度假的环境比较相似。

钢筋水泥楼房和水泥街道所构成的现代城市，在人们的心理世界中，只不过是古人眼中的秃石头山或者山洞而已。山洞是有用的，但如果只有山洞而没有绿植和水体，就只会让人感觉到荒凉，而不是美。

我在想，也许休闲环境或者疗养环境的设计者可以用这样的方式来验证自己的设计是不是好设计：在园林设计完后，想象有一个原始人来到这个园林。想象一下原始人在这个环境中感觉如何？如果有什么地方让他感觉不舒服，那么就修改一下；如果他感到很舒服，就说明这个环境很适合疗养放松。

也许有人会怀疑，要是这样做，设计出的环境可能会让原始人很喜欢，但是我们是现代人又不是原始人，我们会喜欢吗？

这一点大家大可以放心，因为从心理学角度看，每个人的内心深处都住着一个原始人。而我们能不能感到放松，能不能感到舒服，能不能感到开心，最主要的就是看我们内心的这个原始人是不是如此。我们内心属于现代人的那部分更多的是思考如何工作，如何挣到更多的钱，它们负责成功而不负责快乐，因此不会特别关心环境是不是舒服。

下面说一点例外的情况。前面我们提到，有些环境人类在其中生活的时间并没有太久，也许只生活了几十上百代人，还没有形成一种原型，但也初步形成了一定的环境偏好，这些偏好不同于人类的普遍偏好。比如，祖祖辈辈在江南生活的人，潜意识中对烟雨蒙蒙的环境有一种天生的偏爱，而土生土长的西北汉子对黄土高坡有一种特殊的感情，这不是人类共有的环境偏好，但也不是后天培养出来的结果，而是几十上百代人共同形成的一种心理倾向。我们如果知道一个人偏爱什么样的环境，就可以大致推断出他祖先的迁徙历史。比如，如果一个生活在北方的人，并没有读过多少宋词，却天生喜欢江南烟雨那种感觉，说不定就是因为其父母的祖先是江南人。那么，住在一个类似江南的环境中，或是在生活环境中引入一些江南的元素，或者干脆迁到江南生活，也许会让他感觉更加快乐幸福。

08

乡恋与乡愁

翻译不是件容易的事情。环境心理学中有个术语叫作 place attachment，意思很简单，就是说人对某些地方有一种依恋或依附的情感。不过，翻译成“地方依恋”“地点依附”“场所依恋”好像都不是那么对劲。

然而，中国人是非常理解这种心情的，古人称之为“乡恋”或者“乡愁”。在家乡的时候，这种心情就是乡恋；在外乡的时候，这种心情就是乡愁。

我想举个例子，却发现太不容易，不是找不到例子，而是例子太多，让我不知道该说哪一个好。“日暮乡关何处是？烟波江上使人愁。”“举头望明月，低头思故乡。”这样的诗句比比皆是。如果说李煜之所以思念故乡，是因为他的故乡太美了，“雕栏玉砌应犹在”，那么刘邦的父亲刘太公显然不属于这种情况。儿子混成了皇帝，刘太公从此锦衣玉食，享不尽的荣华富贵，可刘太公却总是闷闷不乐。刘邦琢磨了半天，才知道他是想念故乡“丰邑”了。

没办法，只好仿照家乡的样子，建造了一个新的“丰邑”——“新丰”。房子是乡村土屋，居住的都是乡下的老邻居，刘太公这才高兴起来。至于阿斗被俘到异乡，却没心没肺地说：“这里好玩，我不想念蜀国。”要么就是因为他的确“天赋异禀”，和一般人不一样；要么就是因为他情商极高，知道只有这样说才能保命。

人为什么会有乡愁呢？

精神分析这类深层心理学会用一种“诛心”的方式解释说，“故乡”就是过去的自我的象征。现在所在的地方，象征着现在的自己；过去所在的地方，象征着过去的自己。**思念故乡，其实就是一种怀旧**。

人的一生，是不断离开旧的自我（旧我）、变成新的自我（新我）的过程。虽然这个变化可以是积极的，但是人总还是对旧我有所眷恋，因为旧我也是我，并且现在已经失去了。越活越好的人，相对来说乡愁会少一点，因为新我比较好，对旧我就少一点眷恋。年轻人刚步入社会的时候，乡愁比较少一些，因为年轻人在这时正在热情地憧憬着未来的人生。然而，当新生活不如意的时候，人总是格外容易思乡，因为新的自我、新的生活不够理想，人就更容易怀念过去的自我和过去的生活。

有人说“人生不如意事十之八九”，也就是说，不如意的事情往往多于如意的事情，因此在外乡生活的人时常产生思乡之情也就在所难免了。各位漂泊在异乡的朋友是不是这样？灯红酒绿的时候也就罢了，工作不顺利、失恋或者不开心的时候，最容易让人想家。

更何况，任何人都逃避不了这样一件事——变老。每个人都怀念自己青春年少的时代，而怀念故乡就是怀念青春。故乡在我们的记忆中，总是比实际上更好——这是因为，青春总是比衰老更好。因此，故乡作为青春的象征，总是让我们感觉比衰老的我们现在所在的地方更好。

再深究一些，我们甚至可以说，故乡是母亲的象征。所有人都是母亲孕育的，而人在出生后最初也是在母亲身边生活。同样，所有的人都是故乡的土地孕育的，并且在故乡的土地上度过了最早的年华。在潜意识中，在象征意义上，故乡就等于母亲。因此，故乡也被称为 motherland，也就是“母亲之地”。

母亲是一个人最早的也往往是人一生中最强的依恋和依附，因此，我们不难理解人们对自己的故乡的依恋了。因为这种对故乡的依恋包含着孩子对母亲的依恋之情，而离开故乡就仿佛是孩子离开母亲，必定会让他们感到，分离焦虑和无依无靠的漂泊感，这就成了乡愁。

这种说法并不奇怪，让我们看一看这首诗。

乡愁

余光中

小时候，
乡愁是一枚小小的邮票，
我在这头，
母亲在那头。
长大后，
乡愁是一张窄窄的船票，
我在这头，
新娘在那头。
后来啊，
乡愁是一方矮矮的坟墓，
我在外头，
母亲在里头。
而现在，
乡愁是一湾浅浅的海峡，
我在这头，
大陆在那头。

这首诗写的是乡愁，不过其中一半的篇幅都是在写母亲。

可以说，**故乡在人的潜意识中，和母亲是一回事**。

当然，如果不从“深层心理学”去探究，那么故乡不仅是过去自我的象征，而且其种种和自我本来就有着千丝万缕的联系。

故乡的种种可以开启我们的记忆，而记忆中所经历的一切，就是我们自我的构成。什么是“我”？是那些我的记忆。如果一个人丧失了一切记忆，那他就根本不知道什么是“我”。

当一个人翻开自己的相册，看到自己过去留下的影像，就会想起很多过去的经历，于是就在感知中找到了自己。故乡就像是一个过去的自我所生活的地方的相册，同样能唤醒记忆，并能让一个人找到过去的自我。

因此，也可以将对故乡的依恋看作一种自恋，一种对由记忆构成的自我感的依恋。如果看不到故乡，这种自我感就无所附着，人就没有一种安心的感觉，从而感到漂泊无依。正因如此，那些离开家乡到北京闯荡的人才会被叫作“北漂”——这个词很恰当地表达了那些人的内心。

那么，什么是故乡呢？必须是人在童年时生活过的那个具体的地点吗？并非如此。如果你回到童年生活的地方，却发现那个地方已经完全和你记忆中的不一样了，没有任何能唤醒你回忆的东西，那么这个地方就不能算是故乡，你也不会有任何回到故乡的感觉了。比如，我小时候居住的北京茶食胡同，现在已经成了商场和宽阔的马路，完全没有任何童年生活的痕迹了，我很难在那个“原址”找到故乡的感觉。

故乡应该是这样一个地方：你可以在这里看到你回忆中的景象，听到回忆中的声音，嗅到回忆中的气味，一来到这里，你的潜意识就能立刻识别出“这里是故乡”，这样的地方才是故乡。比如，你看到村口的那棵大树，你记得这是你掏鸟窝的地方，回忆起大人们在树下聊天的情景。你看到故乡的房屋，还是一样的飞檐或粉墙，还有门前的石墩子、记忆中的砖雕，以及四合院的木门，这个时候才会有故乡的感觉，才会有安心的感觉和幸福的感觉。理智会告诉你这里是不是你过去生活过的地方，但是这并不重要。重要的是，这个地方能否被你的原始认知识别为故乡。而原始认知是否把这里看作故乡的关键是，和记忆中的那些景象相比，眼前的景象是不是相似甚至一样。

因此，**一个地方是不是真正的故乡并不一定重要，只要能被识别为故乡，人就安心、幸福了**。即使实际上并不是真正的故乡，而只是“新丰”。如果你能在遥远的非洲找到一个地方，在那里建起和家乡一样的房子，种上同样的树木，放置上同样的东西，你的原始认知就会感觉这里是家乡。因此，重要的还是我们所说的内心中的心理形象——意象。如果环境中有家乡的意象，那么它就是心中的家乡。刘邦建设新丰时就是这样做的，他在那里建筑起和丰邑老房子一模一样的房子，以及一模一样的街道，相似度极高，就连丰邑的鸡和狗来到这里，也都能找到“自己原来的家”。于是，在刘太公的原始认知中，这个地方就是丰邑。当然，即使房子一模一样，异地重建也未必都能营造出故乡感，很重要的一点是，这个地方的气候也应该和故乡类似。假设我们在新疆的戈壁地带完全按照江浙一带的建筑风格建起粉墙青瓦的房子，江南人在这里或许多少能找到一点故乡的影子，却不可能感觉这里是故乡。因为这里没有烟雨；气候不适合种桂树，所以秋天没有桂花的香味；这里降雨量少，所以没有那么多的河流，也没有潮湿的气息。要让人们感觉是故乡，气候也必须类似才可行。

因为人人都有“地点依恋”，所以为了让人们感到幸福，城市的变化不应该是“迅速的和彻底的”。每个城市都可以有一些变化，但是也都应该有一些不变。这样，远走他乡的游子回来的时候才可以识别出这里是家乡，在本地生活的人也可以感觉到这里依然是自己的家乡，人们的“地点依恋”才可以得到满足，才能“有家的感觉”，以及由此而产生的幸福安心的感觉。就像欧洲的很多城市，几百年前的建筑比比皆是，那里的人们很容易安顿自己的故乡情思。

因此，每个城市和其他的城市不同的那些独特的风貌应该保留，只有这样，人们才能感受到故乡和他乡的区别，从而产生故乡感。最主要的是房屋、街道等，除此之外，餐饮店、花店等的外观，也都应该保留这个城市的特点。

还有就是要尽量保护城市的标志性建筑和景观，比如巴黎的凯旋门、埃菲尔铁塔，纽约的自由女神像，杭州的西湖和苏州城中的小河。令人遗憾的是，我国很多城市的标志性建筑和景观都已经遭到破坏。北京已经见不到城墙，也见不到西四的牌楼；苏州观前街已经不再是传统的模样，变成了现代步行街，“人家尽枕河”的情景也不复存在。这些城市地标的消失，使得人们无处寄托自己的乡恋，从而失去了很多的满足感和幸福感。如果我们眼前的景观已经完全和我们的回忆没有关系，那么我们怎么可能觉得这个地方是我们的家乡或者祖国，又怎么可能产生爱家、爱国情怀呢？当然，如果能够亡羊补牢，避免进一步的破坏，人们的乡恋就可以获得一定的满足。

什么是好的环境？我想，那不仅是更美丽或者更豪华的环境，还应该是“每一个角落都有回忆”的环境。那里，能让我们有家的感觉，让我们感到安心、幸福。

为什么会水土不服

“水土不服”指的是人到了陌生环境后产生了不良的身体反应。比如，有的人到了一个新地方后会腹泻、呕吐，有的人会心慌、胸闷、失眠，有的人会皮肤瘙痒或者长痘，还有的人会出现口腔溃疡、出鼻血等上火的症状。

水土不服的原因有一部分是生理层面的。环境变化、气候和饮食的改变会导致人们体内的菌群失调，这可能是呕吐、腹泻等症状产生的主要原因。南方空气湿润，南方人习惯了湿润的空气，不习惯太干燥的气候，来到北方后就比较容易皮肤瘙痒。

然而，导致水土不服的原因还有一部分是心理层面的。人们在到了一个陌生的环境后，会感到不适应、不安心。比如，人们到了陌生环境后容易失眠，这主要就是由心理原因而非生理原因所致。失眠与菌群、气温或湿度等关系不大，但是和心理状态密切相关。如果人到了一个新地方后感到紧张，就会导致失眠。有的比较敏感的人，即使在同一座城市，只要换一个房间睡觉，或者只要不是在家里睡，就会失眠。这和气候、饮食毫无关系，完全是心理原因所致。小孩子安全感比较差，所以到了新地方会更容易失眠。另外，皮肤的不良反应也常常是由心理原因导致的。心理学研究表明，皮肤的状态和人的依恋关系之间存在很明显的关联。如果依恋得到很好的满足，皮肤状态就好；相反，皮肤状态就差。恋爱中很满足的女人，皮肤状态都特别好，而失恋的女人皮肤往往不好。当我们到了一个陌生环境，我们的"地点依恋"就得不到满足，因此常常会带来皮肤疾病。而水土不服导致上火，往往是新环境中的紧张感带来的结果。

新的环境和家里非常不一样，只是水土不服的诱因之一。是否会水土不服，还和人的性格有关。性格比较内向、胆子比较小、格外恋家的人，通常更容易水土不服；相反，那些喜欢新奇、刺激的人，水土不服的概率就比较小。从环境心理学角度看，水土不服就是一种陌生环境过敏。

生理因素导致的水土不服，可以通过饮食、药物来缓解和治疗。心理因素导致的，可以借助心理学的方式来缓解和治疗。

古人有一个治疗水土不服的偏方，非常简单，而且同时兼顾了生理、心理两个方面，那就是随身带一点家乡的土，到了外地，如果出现了水土不服，就取一点家乡的土冲水喝。从生理层面说，这很可能会有一点作用，因为家乡的土中含有某些对我们身体有益的微量元素或菌群。然而，更大的作用发生在心理层面，因为家乡的土象征着家乡，象征着大地，而大地象征母亲，所以家乡的土又是母亲的象征。喝一点用家乡的土冲的水，就像是喝了一点母亲的乳汁，这就让在外乡的紧张不安的心得到了安抚，于是水土不服的症状就得到了缓解。不过，这个偏方如今也许用不上了，因为土地常常被污染，要是用来冲水喝，那么可能会把土里的残留农药（至少是残留化肥）也喝进肚子里。此外，住在城市中的人可能根本就看不到什么土，总不能带水泥粉末去冲水喝吧。

不过，在我们了解了环境心理学后，还是有办法的。因为我们知道，重要的并不是土本身，而是和家乡有关的心理意象，所以**只要能唤起家乡的心理意象，任何东西对水土不服都可以有治疗作用**。

例如，可以随身携带原来家中的某样东西，如一直摆在桌子上的小摆件，或者一幅挂在墙上的画或书法作品。或者，带一瓶家乡特有的调料，家在四川的可以带本地的花椒，家在广州的可以带一点蚝油，做饭的时候放一点。还可以带一条原来在家里用的枕巾，夜晚枕着它入睡，可以降低失眠的概率，对皮肤也有一定的保护作用。听一听故乡的口音也是一种治疗方式。而更好的方法，当然是带一位亲人在身边，但并不是总能实现吧。

不知道是应该庆幸还是遗憾，在当代，我们的“地点依恋”总的来说已经不是很强了，这使得水土不服的现象相对来说少了一些。在并不遥远的几十年前，水土不服很常见，但现在比较少了。产生这种现象的一个原因是，过去，不同城市、不同地域之间的差别很明显；而现在，不同城市、不同地域的样子越来越相似。过去，北京到处是四合院，苏州尽是小桥流水，而陕北以窑洞为特色；而现在，北京、苏州和陕北的大街上都是样子差不多的钢筋水泥楼房。假设你从外地的一家旅店走出门，你内心中的原始人可能根本意识不到自己是在外地。此外，地域差别的缩小也使得一个人对自己家乡的认同感减弱了。比如，作为北京本地人的我，走在今天的北京街道上却感觉自己像一个外乡人——我看不到四合院、胡同和老槐树，看到的都是钢筋水泥楼房。从某种意义上说，故乡已经是异乡了，所以异乡也不过是另一个异乡而已，我们对“漂泊异乡”已经适应了。何况，现代人的生活本来就居无定所、四处奔波，这也使得我们的“地点依恋”越来越弱。

这就类似于，如果一个人从小就是孤儿，从来没有见过妈妈，那么他在去幼儿园的时候就不会哭闹，因为他不会产生分离焦虑。因此，作为现代人，我们不那么容易因出门在外而腹泻、失眠、皮肤长痘或者上火了。正因为我们和我们生长的故乡没有建立起强有力的依恋关系，所以也就没有太明显的水土不服。好的一面是，这使得现代人有更好的环境适应能力。然而，**在我们看不到的内心深处，其实有一种永远存在而得不到安抚的漂泊感和不安**。现代人的贪婪、浮躁是不是正是因为这种不安呢？现代人的内心深处是不是会因此而忧郁呢？我不知道。

10 人人都需要私人空间

人不只需要空气、水和粮食，还需要一些无形的东西，比如，自己的空间。

空气、水和粮食是人的肉体生命的必需品；自己的空间是人的精神生命的必需品。

什么是“自己的空间”？就是这个空间的所有权归自己，可以在这个地方做自己，别人不能随意侵入。

从根本上说，**每个人都有自己独立的意志，一个人只有按照自己的意志生活才会幸福**。如果一个人不能按照自己的意志生活，那么即使鲜衣怒马、纸醉金迷，人也是不幸福的。富家子弟的钱多得用不完，却还是常常心情郁闷，和父母作对；学霸考上了名校，却因为父母干涉了他的专业选择而气愤到要自杀。这在他人看来往往无法理解。然而，这其实很好解释，因为再好的生活，如果是按照别人的意志过的，那么也是一种失败。就好比我和别人下围棋，如果聂卫平全程在我身后支招，我很可能会赢，但是我肯定会非常不乐意。我会抱怨他说："是你下还是我下？"因为不论输赢，只有我自己决定每一步才是我在下棋。人活一辈子，如果别人总是在后面支招，那么不论人生的棋局多么成功，对于我这个"棋手"来说，都算是白活了。

不过，按照独立意志生活也存在着这样的问题：在社会上，一个人的行为总是会影响到别人，所以人们不可能总是按照自己的意志生活。对此，有人可能会说："想怎么样就怎么样，你是皇帝吗？"说实话，即便是古代的皇帝，也并不像人们以为的那样可以为所欲为。**人和人在一起，必须互相妥协、协调，才能减少冲突**。

因此，我们需要一个自己的空间。在自己的空间里，我们可以随心所欲地按照自己的愿望生活——我的地盘我做主。别人在别人的空间中，也可以按照他的方式生活。这样，每个人都能得到一定的满足，而且不会互相妨碍。在自己的空间中，人会感到放松，因为不用时时顾虑别人的感受。

有的人的自己的空间很大，比如富豪可以在上千公顷的土地上建造自己的庄园；有的人的自己的空间很小，可能只是一套公寓中的一个小房间。然而，即使自己的空间很小，它也能给人带来很大的安慰和满足。有的人可能只能在部分时间内拥有一个自己的空间，而其他时候这个空间并不属于自己，即便如此，也是很有帮助的。一个人在一天中的很多时候都活得很艰难，但是只要有一段时间，他能够在自己的空间中做自己喜欢的事情，就会感到放松、舒适和满足，就能为自己"充电"。例如，有一个人，他在单位只是一名普通职员，没有独立办公室，甚至没有独立的办公桌。回到家，妻子和母亲又常常在他面前吵架，他也没有地方可以躲一躲。于是，每天大家下班后，他都会加一会儿班，此时整个办公室都是他的个人空间，这让他感到很放松。

如果一个人连一点自己的空间都没有，那是非常痛苦的。比如，监狱之所以让人非常难受，就是因为那里几乎没有私人空间。只有自己的床稍微私人一点，但就连这张床也在别人的视野之内，而且随时可能被侵入。有一次我看美剧，剧中有一位老人不愿意去养老院，对劝解他的女婿怒吼道："那儿（养老院）就是监狱。"表面上看这没什么道理，养老院的条件设施都很好，而且老人也可以自由活动。那么，为什么老人不愿意去呢？因为他感觉那里没有自己的私人空间。虽然在监狱中是被监视，而在养老院是被照顾，但是在隐私空间太少这一点上，两者的确有些相似。孤儿院也是一样，因为大家都生活在一起，对私人空间的需要得不到满足，所以会影响孩子们的心理健康，并让他们的幸福感大打折扣。

那么，我们如何才能拥有自己的空间呢？

第一，要确保有个空间属于我们自己，即使这个空间很小。

第二，可以通过个人空间隐私保护策略、个人空间标志策略和个人空间权利策略来加强我们对这个空间的拥有感，让我们感到这的的确确是自己的空间。

个人空间隐私保护策略是指一个人在他自己的空间里做的任何事情都是他的隐私，要从环境的设置上尽量保护他的隐私。

要尽量保证他在自己的空间里所做的事情，除非他自己愿意，否则别人不能随便看到。如果是独立的住所，可以用围墙或者栏杆保证别人不能靠近；如果是非独立的住所，关上门就好了。房间结构上，外面的大门不要正对着卧室门，免得大门一开卧室内就一览无余，可以借助窗帘和门帘遮挡外面的视线。一家人如果共住一套房，各人的房间别人不能随便进。如果是住集体宿舍，可以用床帘把自己的床与外界隔开，使之成为个人空间。如果是公共办公室，可以用一定高度的隔板把大家的办公桌隔开，让大家坐着的时候看不见彼此。这些方法都有一定的作用。

个人空间标志策略是指在每个人自己的空间中，要允许他按自己的意愿来装饰，或放上自己的东西，或设置自己的标志，从而体现出他的个人特点。比如，女孩子可以在自己的房间或宿舍的床上放一个毛绒玩具。不论男女，都可以把自己或家人的照片放在办公桌上，或是放上自己喜欢的样子独特的水杯。这样一来，别人一看就能感觉到这个地方是属于这个人的。自己家的花园门口可以写上“私人住所”。

这样做有什么好处呢？从人的本能来说，如果看到一个地方有别人的私人标志，就会尽量避免进入这个区域。就连动物也是如此。比如，老虎占据领地后，会用尿做一个标志。其他老虎进入它“标志过”的领地时会比较心虚，觉得自己是一个入侵者。而领地的主人则会理直气壮地驱赶外来者。总的来说，占据主场的老虎比较容易获胜。人与人之间也是同样的道理。

个人空间权利策略是指在环境中设置只有自己才有权干预的设施。最简单的方式就是上锁，因为只有自己有钥匙，所以权利就在自己手里。如果是几个人共享一个区域的钥匙，就等于共享了这个区域的权利，那这个地方就不是自己的空间了。比如，一套单元房，一家几口都有钥匙，那这个地方就不算自己的空间了。自己的房间有单独的锁，只有自己有钥匙，那才是自己的空间。单元房中的“厅”一般都属于家庭的公共空间，而自己的卧室一般可以算是自己的空间。除了锁之外，还有其他一些自己独享的权利。比如，决定这个房间挂什么画、房间的墙刷成什么颜色、房间是放什么样的家具、房间里是杂乱还是整齐，都体现了个人空间权利。

网络空间也是同样的道理。一个人的邮箱、网络账号等也是一种个人空间。自己设置的密码，就是保护隐私的“栏杆”，也是空间权利的体现。个人在网络空间中发布的言论、照片等，就是自己的个人标志。不过，网络空间和现实中的空间特性不同，比如，网络空间可以很大，而且网络空间的隐私是绝对的——要么有，要么没有；而现实中的空间，其隐私性是相对的。比如，一个青少年将他的房间作为他自己的私人空间，其他人通常不能进去，但是父母可以敲门进入，使父母可以在获得了孩子的允许后，在一定程度上对孩子的空间有所了解，这不算是侵犯孩子的空间。而青少年的网络账号和密码，父母一旦知晓，就可以知道孩子在网上的所有活动；如果不知晓，就一无所知，没有一种程度上的弹性，这就带来了一些实际的困难。

总的来说，**给他人一个自己的空间，就是给这个人基本的做人的权利。尊重一个人自己的空间，是对一个人最基本的尊重**。在工作、娱乐、商业、生活等各种环境中，都存在独立空间的问题，而最需要考虑个人独立空间的环境是家居环境。因此，在家居设计上，尽量满足每个人对独立的自我空间的需求是设计师的一项重要素质。

为什么想有自己的空间这么难

拥有自己的空间，理论上并不难，但是现实中却很难实现。我们经常看到，在有的家庭中，有些人因为得不到自己的空间而感到非常烦恼。

要想分析这个现象，就需要从头说起。

人人都需要自己的空间，或者叫私人空间、个人空间。

不过，也存在例外。

新生儿或很小的孩子就不需要自己一个人的空间，他只需要一个和母亲在一起的空间。稍大一点，孩子也许会和父亲共享空间。

新婚夫妇也不需要自己一个人的空间，他们需要的是“我们两个人的空间”。

小孩子和母亲、新婚夫妇，他们之所以不需要自己一个人的空间，是因为他们此时的人格处在“共生”的状态，不需要独立的自我，也就不需要独立的自我空间。

一些很要好的朋友之间偶尔也会有这样的状态，两个人的衣履可以互穿，两个人的心情全面共享，两个人可以在共同的空间中生活而不需要分隔。

这个时候，这个“共生体”只需要一个单独的空间就可以了。比如，可以在公共场所设置一个方便母亲给小婴儿哺乳的房间，其他人不能进去打扰。再比如，给新婚夫妇单独安排一个房间，不要打扰他们的蜜月生活。

等到孩子长大了，他就会和母亲在精神上分化，成为独立的自我，那时他就会需要自己的空间，而不需要和母亲共享空间了。

新婚夫妇也会慢慢去探索彼此空间的独立性，让两个人既有共享的空间，又有独立的空间。

朋友之间也需要找到合适的距离，双方都要有自己独立的生活和空间。

要是不出问题，这些变化都会自然而然地完成。

然而，“不出问题”这种好事哪里能保证，现实中经常会出问题，而一旦出了问题，个人空间就得不到保证。

最容易出的问题，就是母亲或者父亲由于自己的某种心结，不愿意让孩子独立。

原因之一，有些父母缺乏权力感，他们没有能力在社会上获得权力感，转而希望从孩子身上获得。在孩子幼时，父母在孩子面前是很有权威的。小孩子完全服从父母，接受父母的权威，这让缺乏权力感的父母获得了满足。随着孩子逐渐长大，逐渐走向独立，这些父母发现他们的权力在慢慢丧失，于是他们在潜意识中对此非常抗拒，就努力试图保持原来的状态，试图阻止孩子在精神上长大和独立——当然，他们在意识层面并不是这样想的。在意识层面，他们认为自己只是在保护孩子，害怕孩子犯错误；或者认为自己非常爱孩子，所以想和孩子继续保持亲密。

原因之二，由于有些父母内心缺乏安全感，因此会依赖于和孩子在一起来获得安全感。他们就像害怕走夜路的人，要是身边带一个孩子就会感觉好一点。或者，如果父母之间不再亲密，其中一方就会把感情寄托在孩子身上，用孩子来弥补夫妻关系中的缺失，这也会阻止孩子独立。

原因之三，有些父母自己的人生比较失败，于是把希望寄托在孩子身上，希望用孩子的成功补偿自己的失败，即自己不会飞，就生个小鸟逼小鸟飞。他们往往会在精神层面阻止孩子独立，因为孩子独立了，就会去实现孩子自己的愿望，而不是实现父母的人生愿望；孩子独立了，共生的感觉消失了，父母也就无法从孩子的成功中获得满足。

不愿意让孩子独立的父母，有些用爱作为理由，有些用保护作为理由，常常说“我都是为了你（孩子）好”，做出种种阻碍孩子独立的事情。虽然他们在意识层面并不知道这样做的意义，也不懂心理学，但是奇怪的是，他们的潜意识会坚持不懈地促使他们这样去做。比如，孩子上大学选择专业，父母非要让孩子选择自己过去想学但是没有机会学的专业，就是上面讲的第三种原因——让孩子代替自己实现愿望，弥补自己的失败。这种行为阻碍了孩子的独立——如果选择专业时依从了父母的意志，孩子的自我意志就没有发挥作用，没有自我意志就没有自我感，也就失去了独立性。

重点来了——**父母阻碍孩子独立最有效的方法，就是剥夺和侵犯他们的个人空间**。

最极端的情况就是不让孩子拥有自己的房间。有的家庭，明明克服一点点困难就可以给孩子一个自己的房间，但是父母却用种种理由让孩子和自己在同一个房间居住，这百分之百是心理不健康的。甚至有个别成年的男孩子还和母亲睡同一张床，这肯定是心理病态的表现。如果孩子对此并不拒绝和反对，就说明这个孩子的心理已经不健康了。

更常见的情况是，虽然孩子有自己的房间，但是父母有权随时闯入，有权监视孩子在房间中的行为，有权搜查孩子房间中的东西（如看孩子的日记）……这些也是有问题的行为，而这在我国已司空见惯，所以被视为正常现象。父母替孩子决定房间如何布置，不允许孩子放置自己喜欢的饰品或画等，也都是阻碍孩子心理独立的行为。他们可能以了解孩子在做什么、和谁交朋友等为理由，认为自己是为了保护孩子，但是像这样粗暴地侵犯孩子的个人空间，最终结果就是会阻碍孩子的人格独立。

富有的父母，虽然可以买更大的房子，给孩子一个单独的房间，却有可能更难保证孩子拥有自己的空间。因为这些父母往往更有控制欲，对孩子的控制会更加严格。另外，富有的父母可以给孩子提供更多的资源，也就自认为更有资格去“管”孩子。

虽然我不想归咎于文化，但是不管怎么说，这种普遍的心理病态行为也许确实和我国传统文化有一定的关系。儒家文化（或者说被曲解后的儒家文化）过度强调子女对父母的顺从，强调父母的权威，给心理不健康的父母阻碍子女独立的这种行为提供了支持。类似“不管孩子多大，在父母面前也还是个孩子”的说法，实际上是认可了孩子的心理不成熟。

情侣或夫妻之间，一开始也有一段时间是共生的，那种不分彼此、心意相通的感觉是很甜蜜的。然而，人还是需要独立性，所以他们之间逐渐需要有一点距离或缝隙。有的人也许不希望产生距离，想要更长久地维持亲密无间的状态。这种愿望可以理解，但是如果一方已经产生了对独立的需求，另一方却顽固地想保持原来的共生状态，就会为彼此带来不少苦恼。因为另一方会感到没有办法自由呼吸，感到被纠缠、被黏住而不舒服，于是就会想办法拉开距离。这会让渴望维持共生的一方感到对方在疏远或摆脱自己，然后就会更加努力地抓紧另一方，于是另一方就更加努力地拉开距离，如此陷入恶性循环。其实，就像一个人不管是否愿意都会变老一样，情侣总要走出甜蜜期，如果接受这个事实，适当地保持一点距离，那么对方反而不会离开太远，双方会找到一个合适的距离，既亲密，又独立。

情侣或夫妻之间侵犯对方私人空间最常见的方式，就是要求对方对自己绝对透明——查手机、查邮件，查对方的朋友交往，金钱上严格控制，时间上也严格控制。

如果父母不希望孩子独立，那么孩子就真的比较不容易独立。这些孩子在长大结婚后，也比较容易在夫妻关系中出现阻碍独立性的问题。

由此可见，有些人得不到自己的空间，不是因为客观条件不允许，而是因为他身边的人不允许他拥有自己的空间。而他身边那些侵犯他私人空间、不允许他享有私人空间的人，往往是因为有某种心理问题、心理障碍或心理疾病才会这样做。

如果心理问题解决了，那么这些剥夺他人私人空间的问题也会迎刃而解。反过来，如果我们能尽量在家居环境中确保每个人都有一定的私人空间，那么也有益于解决家人们的心理问题。

私人空间被侵犯的人，比如被父母严格监控的青少年，往往会自发地保护自己的空间。比如，努力争取在自己的房间中贴自己喜欢的画或海报等，总是关好门或者从里面锁上，避免父母突然不敲门就闯进来。这些做法都是个体自发的渴望成长的表现，却常常被父母认为是有问题的表现。而且青少年在这样做的时候，往往情绪比较激动，有时会对父母发脾气，这样就使得他们的行为被看作闹脾气。如果他们能够少一点情绪化，心平气和地与父母沟通，效果会更好一些。

争取让自己的空间更私人化一点，独立的进程就往前迈出了一步。**独立是要靠一点勇气和耐心争取的**。

青少年是这样，成年人也是这样。

拥有自己的空间不容易，但是值得争取。

12

势：环境对人的心理的影响

环境对人的心理的影响，说穿了就是构成一个“势”。建筑的造型对这个势的影响，或可称为“形势”。在存在竞争关系的人群中，势对竞争的成败很有影响。但是势不是绝对不变的，如果一个人的力量足够大，就可以扭转势的态。然而，像那样有力量的人毕竟是少数，对于我们多数人来说，势的作用不可忽视。这与打羽毛球类似：顺风的那一方，打出的球的速度更快，赢的机会更大。顺风就是一种势。然而，顺风并不能保证赢球。如果我和世界羽毛球冠军打球，他处于逆风那一侧，那么就算我的势更好，也照样会输。只不过，我很难与世界冠军对决，所以顺风对我来说还是很有用的。势会带来一种力量，我们姑且称之为“势力”。在一个群体中，有权力的人总是能想办法获得更好的势，最后他们得到了势力，我们称之为“权势”。

动物很懂得势的重要性。猴群中的猴王总是要占据最好的位置，如高处的某个地方。这样，万一有年轻公猴想挑战它，那么由于对方的地势不好，因此很难成功。

人更是如此。人类中有权力的人会尽量占据更好的环境，或是对竞争更有利的环境。在竞争性比较强的人类群体中，占据更有势的位置是极为重要的，甚至可能是性命攸关的。

当然，**对于人类来说，社会环境中的势比自然环境中的势更重要**。如果一个人是军队的统帅，另一个人是武功高手，前者从居高临下的山顶攻打后者，前者的胜算则比较大。一个掌管国家财政的人也比另一个占据一口水井的人更有势力。然而，自然环境中的势或多或少也有一定的作用，而且作为一个人的势力象征，一个在社会上有权势的人也需要在自然环境中占有更好的势。

例如，一个国家的首都建在哪里，首先就要考虑地势。因为首都不仅是“国王”的所在，更是“国家”这样一个实体的神经中枢所在。如果首都的地势不好，就会对国家的发展不利。

我国历史上的各个朝代，定都在中原的最多，东到安阳与开封，中在洛阳，西到西安，这一带是建都最多的地方。因为多数时候，这个区域的地势更好。

在人类社会中，选择地势好的地方，要比猴群选择山头复杂得多。中原之所以地势好，其中一个原因就是它的位置居中，无论去哪里都不会太远，比较利于统治：如果什么地方有人造反，皇帝的军队就可以更快地到达那里并进行镇压；中央政府的政令可以比较快地传达到各个地方；全国各地的物资、钱粮也可以更快地运送到京城。在交通、通信都不便利的古代，这一点是非常重要的。

定都还要考虑资源。毕竟国都所在，对资源的需求量很高。如果首都定在资源贫乏的荒凉地方，就必须从其他地方大量运输资源才行，这就产生了不少困难。

定都要考虑的另一个重要因素是安全性。首都所在的地点最好有险可守，这样敌人就不容易危及国家安全。北宋建国时定都开封，但开国皇帝赵匡胤很想找机会迁都。原因就是开封没有险阻，赵匡胤担心对国家安全不利，但由于赵光义等人百般阻挠，最后没有迁都。后来蒙古大军入侵，果然轻易攻入了国都。战国时，秦国之所以能战胜六国，其中一个原因就是秦国的都城之东有山脉阻挡，六国要攻入其中可不容易。

国力强大的时候，国都接近边界反而有好处，因为这样可以直接压制敌国，使他们没有机会作乱。然而，当国力衰弱的时候，国都接近边界就很危险了。明初，朱棣把国都建在北京，对压制蒙古很有好处。但是不久之后，朱祁镇就败于也先，国家险些灭亡。最后，也是因为国都太靠近后金，所以才屡屡被攻打。

而在如今，路程的远近对通信没有影响。对于军队的调配来说，距离也不是最主要的问题，也许是否临近铁路才是问题。

如今，资源仍然是一个问题。当然，粮食不需要在首都附近生产，石油也不需要在首都附近开采。不过，首都所在的地方应该有便利的交通，可以让粮食和石油很方便地运到首都。还有一个重要的资源是水资源，首都应该在水资源丰富的地方建立。人才也是资源，所以也要考虑什么地方方便更多的人才生活。

安全性方面，现代和古代区别很大。高山已经不能成为屏障了，“战略纵深”也许才是安全的保证。

找到一个在这些方面都有利的地方建都，国家整体上的地势就比较好了。

定都只是一个用来说明问题的例子，现实中，定都的事情不需要你我操心。而另一个例子对你我来说更有现实意义，那就是公司或商铺的选址。

对于工商业机构来说，成本是重要的考量因素。如果一个地方获得原材料和资源的成本比较低，就是一个很好的势。还有就是人力成本，我国之所以能够成为世界工厂，其中一个重要原因就是我国有大量的廉价劳动力。当然，人力资源的素质高低也要考虑。尤其是高新技术产业，需要高素质的人才。此外，基础设置也是很重要的。运输成本以及市场的情况如何也是考量的因素。

从安全性角度来说，一个重要的方面是法制环境。如果法制健全，工商业经营者就有安全感。如果法制不健全，则不确定性太大，经营者就会感到有威胁。我认为，在这个方面我国尚有可提升的空间。如果能够更加严格地依法治国，杜绝潜规则，不需要行贿也不需要拉关系，那么经营者的数量就会大大增加。当然，社会治安也非常重要，经营者挣到钱之后不会被绑架、勒索，才会放心地在一个地方做生意。还有一种安全问题就是健康方面的安全性，如果一个城市有严重的雾霾，食品和水受到污染，那么显然不会是一个对经营者有吸引力的环境。

在更小的环境中，势的影响也同样存在。商贩的摊位应该选在人流必经之地，或人流量比较大的地方，而且不是人们匆匆经过的地方。如果把人流看作水流，那么“曲水有情”这个风水原则也就不难理解了。再比如，大学课堂上，如果学生希望给老师留下好印象，就应该坐在离老师近的前排。一般来说，坐在教室后排的人，老师连看都看不清楚，怎么可能有很深的印象呢？当然，如果你是一个上课习惯睡觉、玩手机的学生，那就应该坐得离老师远一点才安全。

住宅中，不同的位置也有不同的势。古代家居，家中最长的一辈要住在正房，而各个后辈住在不同的厢房。如果我们把房间的位置看作人所站的位置，那就是长辈居中站，后辈围拢在他的周围。这种情况下，长辈占据了更好的势，后辈就会不自觉地服从长辈。

古代实行一夫多妻制，妻妾所居住的房间也有明显的势的区别。按照规矩，妻子占据势最好的位置，所以被称为“大房”，而妾只能住边上的位置，于是被称为“二房”“三房”。如果连妾的身份都没有，住在大家庭之外，那就被称为“外室”。房间的位置体现的就是人的地位。

现代人所住的楼房，各个房间的位置分布不像古代的房子那么有规律可循，所以很难进行统一分析。不过仔细观察就会发现，每套房子中总有一间房是最具有“权势”的，那就是这个家庭中最重要的人将选择的房间。

除了有权者占据好地势之外，还有其他要考虑的因素。比如，环境的势如何保证人际关系的和谐。如果一个团体不是高竞争关系的团体，那么和谐而共同发展的需要甚至会高于维护权力的需要。比如在一个家庭中，和谐共同发展的需要很强烈，那么环境之势的安排就必须有所顾忌。关于这一点，我们将在后面的章节中详加论述。

13

家居中的势

现代家庭往往都是住楼房，一家一个独立单位，几室几厅。如果要考虑环境对人的影响，决定谁住哪里、怎么住，就要考虑房子本身的情况。因为家中房间的形态、位置构成了一种势，这种势对家里的人有种种不同的复杂影响。

为什么说复杂呢？

理论上，谁住在哪个房间、不同房间之间是什么样的关系，对人的心理都有潜移默化的影响，会使人的心态朝某个方向变化。比如，房间中光线强，人就比较容易兴奋；而光线弱，房间中的人就比较平静。但实际上，房间对人的影响并没那么简单，各个房间之间也会相互影响。比如，两个房间离得很近，而第三个房间距离稍远，那么第三个房间的人就会比较容易感到孤独。这就是房间的一种“势”。

各个房间的位置不同，所带来的势不同；门的朝向不同，势也不同；房间之间的距离不同，势又有所不同。不同的势会给人带来不同的影响，这又和人的性格有关。有的房间对于某种性格的人来说很合适，对于另一种性格的人却不那么友好。比如，内向的人住在比较“孤独”的房间中，也许会感到不受打扰，感觉很好；而外向的人住在这样的房间，却会感到很不自在。把种种因素都考虑进去，然后弄清楚谁应该住哪个房间，实在是太复杂了。

不过，有一个简单的心理学方法可以化繁为简，帮助我们对以上种种影响做一个综合的评估或测量。这个方法被称为“排列评估法”，是受到心理咨询中的家庭排列法的启发而形成的。具体做法如下。

首先，找一块空地，将简单的户型图画在地上。大小当然比实际的房间要小一些，可以在二三十平方米的空地上画出一整套一百多平方米的房子。

然后，计划让谁住在哪个房间，就让那个人站在相应的位置上。如果想更精确一点，就让其站在床所在的位置，面朝房门。

每个人都站好之后，先看看其他人都站在哪里，然后闭上眼睛，觉察自己会有什么感受。

这时候，每个人的内心都会产生了一些感受和情绪，但很可能自己也不知为什么会这样。

有的人会感觉莫名的紧张，当然也有的人会感到放松。

有的人会感觉有压力。

有的人会感觉开心或感受到爱意，也有的人会感到愤怒、烦躁、恐惧或不安等。

有的人会感觉身体上某些部位痒、痛、麻、酸等。

人们发现，只要站在这个位置，就会有这种感觉或情绪，而且并不是自己的思考或行为所致。

其实，**这就是房间的势（或者说场）给人带来的影响，以及其他房间的人所带来的影响叠加在一起产生的效果**。

最终，如果家中的所有人都觉得很好，就可以按照这个方式来分配房间。如果有人感觉不好，就可以试着做调整，然后再看看感觉如何。如果大家都感觉调整之后更好，就可以换成调整后的分配方式。如果有些人感觉更好，有些人却感觉不好，就可以酌情处理。

这个方法不仅可以用来分配家人的房间，还可以用于其他小的团体，比如在办公室中安排座位。

如果不方便调整房间的分配，也可以通过微调来做一点改善。比如，如果有人感觉不太好，那么可以让他面向别的方向站立，然后看看效果有无改善。如果有，就可以通过改变房间内的设计，改变人站立的方向。

如果现场没有那么大的空地，还有一种替代性的办法：找一大张纸，在纸上画上户型图。然后找一些木偶或玩具娃娃，分别代表家里的每一个人。按照上述方法，把木偶放在相应的位置。接着，让每个人都静下心来，感觉自己就是那个木偶，想象自己站在它所在的位置上会有什么感觉。

这样做当然没有亲自站位效果好，感受往往会弱一些，但也是可以用的。如果感受力比较敏锐，其效果和亲自站位的效果就会差不太多。

听起来不太可信？没关系，你去试试好了。

14

房子也是有生命的

从象征意义上看，房子其实也有生命。

人住在房子里，在潜意识层面，就是人的生命寄居于房子的生命之中。人的生命状态受到房子的生命状态的感染，房子的生命状态也受到人的生命状态的感染。

既然都是生命，那么也就有类似的生命功能。人的生命功能体现在中医所说的五脏六腑、血脉经络等，而房子也有它的“五脏六腑”和“血脉经络”。

如果房子的“五脏六腑”和“血脉经络”运行状态良好，人的五脏六腑和血脉经络就会与之相感应，处于良好的状态中；反之亦然。

过去的堪舆术所说的房子的“气”，就是房子的“血脉经络”。它联结着天地的经络，又独成一体。

那么，什么是房子的“五脏”呢？

先说说什么是人的五脏：心、肝、脾、肺、肾。

懂中医的都知道，中医所说的五脏，并不是身体中实实在在的脏器。心不是指心脏，肝也不是指肝脏，尽管心脏的确属于“心”。中医所说的五脏，可以理解为生命的五种基本功能系统。

心主神志。用现代的语言说就是，心是生命力，是生命的本源。心是人的精神，而精神是肉体的主宰。没有精神，肉体就算活着也是“植物人”。心的功能表现和现代医学所谓“神经系统”关系密切，但是中医和西医完全是不同的体系，我们并不能说心对应的就是“神经系统”。心，也许更准确地说，就是“愿”。

心主血脉。从现代解剖学看，心主血脉似乎是理所当然的，因为心脏是维持血流供应的器官。不过，中医所说的并非这个意思。心主血脉，意思大致是“精神引导物质”。心就是生命，而血液是生命力的化身。心主血脉的意思就是生命的精神首先转化为生命能量，然后这种生命能量又会影响人的身体。

肝主生发、疏泄。依靠肝的力量，生命力得到张扬。肝具有张扬生命、让生命力顺畅通行的功能。

肝藏血。血就是生命能量，生命能量源于心，但是由肝来调度使用。

脾主运化。这里的运化不能简单地解释为消化。消化是运化的一部分，但是运化不仅是指消化食物。这里的运化是所有的生命中所发生的转化。祝英台化蝶就是一种转化。

中医说春天属于肝，夏天属于心，秋天属于肺，冬天属于肾，而脾对应的是“长夏”（春夏之交）。其实在某种意义上，春夏之交、夏秋之交、秋冬之交和冬春之交都是脾，因为脾代表转化。

通过接纳外物，然后运用转化功能，脾把外物转化为自己的一部分。

肺主气。肺和呼吸有关，但不仅是指所谓的呼吸系统。呼吸，是人和大气的接触交流。肺是开放性的，是追求天人合一的。

人的基本存在性问题之一是孤独，但是有了肺，孤独就会得到宣泄。

肺除了具有宣发作用，还主肃降。这是因为我们在与别人交往时，现实并非总是符合我们的愿望，这种感觉让我们“沉下来”。

肾主闭藏。肾把我们在生命中获得的一切收藏在隐秘的地方。人生不是白活的，因为有肾的收藏作用，生命中的一些宝贵的东西被留下来了。肾在心理学中或许就是我们的潜意识。

肾之所以还主生殖，是因为我们在人生中所保留的那些东西，可以在我们死去之后继续存在。就好比冬天万物凋零之后，种子还在。生殖播下的种子，留给了我们的后人，那是生命的延续。

因此，总的来说，**五脏是五种生命活动的功能，既是生理的功能，又是心理的功能**。

房子中用来实现相应功能的结构，就是房子的“五脏”。

如果在一所房子中，这些功能得到了很好的实现，那么就可以说，这所房子的“五脏”特别好。如果房子的“五脏”好，那么生活在其中的人就很容易实现相应的功能，生理上对应的脏器更健康，心理上对应的心理活动也更健康，因此他们的生命就更健康。

那么在设计房子时，如何更好地实现“五脏”的功能呢？

任何事情一旦具体化，就难免有些刻板。我还是姑妄言之，大家姑妄听之吧。

首先，好房子不能没有心。一所好房子要有它的精神、灵魂、独特的设计思想，一句话：设计者要用心。

设计者的意图体现在房子的方方面面，那就是房子的神志。而如果房子的神志和居住者的精神需要非常契合，那就是好房子。

另外，房子应该给居住者提供表达自己的意愿和心情，以及表达和实现自我精神追求的空间，因此要在适当的地方留白，让居住者有机会体现自己。

如今在一般的楼房中，客厅可以成为心的空间。客厅中有大面积的墙壁，居住者可以用来挂画或书法作品，还可以放置表达精神需要的东西，从而实现心的功能。布置客厅不宜太满，客厅中央不宜放太重的东西，因为心不宜沉重而宜空灵。如果家中房间比较多，可以专门留一间做书房或者禅房，那么这个房间的功能也是和心有联系的。这间房子或客厅最好阳光比较充足而不宜阴暗。

内向性格者，如果有可能，最好不要用客厅来实现心的功能，因为他不喜欢把自己的内心暴露给他人。除非他家只接待一些交心的好朋友，而不接待别人。这样的人把心留在一个内部的房间中会更舒服。有的人把阳台改造为一个这样的小空间，也会比较舒服。

肝主疏泄，对应的要求是，房子要让人感到舒畅，不压抑、不沉闷。另外一点是，不能有太多的隔断，而要基本通畅，而且不要有死角或者长期不用的房间。

如果是富人的房子，那么肝对应的是摆放运动器材的房间，或者说是健身做运动的地方。不过，一般老百姓的住所很难这样奢侈，因此这个功能往往只能让客厅来承担。这可能和心的功能有一点相互干扰，但这也没有办法，只能尽量通过功能分区来减少干扰。

脾的功能可以在餐厅实现。比如，在餐厅布置一张朴实的桌子，能带来土地一样的亲切感觉；用瓜果来装饰，能带来一种丰饶感。转化的前提是放空，餐厅最好能让人放下生活、工作中的其他事情，专心享受美食。当然，人们在厨房中调和五味，也是一种转化的象征。

肺的功能就是开放性的功能，让我们感觉不闷，并且和外界有联系。这可以通过阳台和客厅来实现。窗户也可以实现肺的功能，因为窗户不仅能透气，还可以向外看，有了窗户和阳台，我们和外部的世界就有了联系，也可以宣泄我们闷在屋子中的闷气。

客厅——又是客厅——接待来访的客人的时候，客厅也是我们和外界沟通的一个窗口，所以也具有肺的功能。

如果是外向性格的人，经常接待朋友来访，那么可以在客厅中布置一些能够与客人共享的东西，就更容易实现肺的功能了。

肾主闭藏，我们也许会想到储藏室，但实际上储藏室并不能实现肾的功能。储藏室所放的东西通常不过是一些杂物而已。而肾所收藏的应该是更有价值的东西，所谓肾藏精。那么，家里的存折、银行卡和珠宝所在的地方是不是可以算作肾呢？可以。但是，一个人最宝贵的并不是这些，而是自己的身体。所以，卧室才是最能体现肾的功能的地方。

好的住房，其卧室的设计应该符合肾的要求，那就是藏。卧室要有私密性。卧室的门不能正对着大门就是这个原因。卧室也有窗，但是要有窗帘。卧室当然还需要阳光以及灯，但是灯并不需要特别明亮。晚上灯光幽暗，会让人感到更加放松。

此外，肾主生殖，所以也是夫妻私密的地方。

五脏的原理也可以运用在其他类型的建筑上。比如，建造一座园林，可以综合考虑哪里是园林的心，哪里是肝，哪里是脾，哪里是肺，哪里是肾，然后运用一定的方法，使相应的功能得到很好的实现。比如，肝之所在，应该种植一些茂盛的植物，体现出生机勃勃的样子来。肺之所在，可以设计得开阔宽敞一些。

如果住房的“五脏”中有一个特别不好，那么住在这所房子中的人，其身体相应的部位就容易得病。这表面上看很神秘，但是道理其实非常简单。

住房的某个脏器不好，就不利于实现相应的功能，而住在房子里的人，身体相应的功能当然也就容易出问题。例如，如果阳台堆满杂物，房子的窗户很小而且不方便通风，那么住在这所房子中的人就会感觉胸闷；长期胸闷，肺就容易出问题。同样，**住房的“五脏”中，如果有一个不好，那么人也会出现相应的心理问题**。比如房子的光线太暗，长期没有阳光，就是心所主的神志不够好，长期生活在阴暗的房子中，人就容易心情郁闷。

住在什么样的房子里，对人的健康真的很重要。如果在设计房子时能把房子的“五脏”都考虑得很周到，那么居住者的身体和心灵都将获益匪浅。

15

建筑材质的象征意义

建筑师建一座建筑，就好比作家写一篇文章，都是在表达自己的想法。**人们走进一座建筑，就好比读一篇文章，作家是用作品与读者对话，而建筑师则是用各种建筑作品与人们对话**。

建筑所用的材料就是这种对话运用的“词汇”。“词汇”不同，意义就不同，即使意义接近，表达意义的语言风格也不同。“海上生明月，天涯共此时”和“但愿人长久，千里共婵娟”都是名句，意义相近，都是写亲朋分隔两地、共赏明月，但前者直接用“明月”一词，后者则用“婵娟”指代月亮，风格显然不同。再比如，“被翻红浪”和薛蟠所说的“女儿乐”是一件事情，但是因为用词不同，感觉就截然不同了。

词汇虽然有文白之异，但是只要使用得法，即使是粗浅的词汇也可以化腐朽为神奇，写出好文辞；金玉一样的好词汇，如果使用不当，那么也可能完全体现不出美感。因此，这里只谈材质本身，至于在实际的建筑中能否运用得当，那就是设计师的工作了。下面概述一下各种材质所表达的“词义”（即意义）。

石头

在基本的象征层面，石头代表的是稳定、坚实和力量等。比如，我们在形容两个人之间的友谊十分牢固时可以说“坚如磐石”。

如果我们引导一个人用意象对话的方式想象一所房子，而他想象中的房子是由石头砌成的，那么这很可能说明：（1）这个人缺乏安全感；（2）这个人防御性比较强；（3）这个人比较坚定（也可以说顽固）。这都和石头的象征意义有关。

现实中的石头建筑的确可以帮助人们得到安全感、坚定感和可靠感。

最能体现这一点的就是埃及金字塔。金字塔完全由巨大坚实的石头构成，而且其结构非常稳定，不用担心它会倾倒，因此其象征意义是绝对稳定——不可动摇。看到这个巨大的石头建筑的人，内心深处会深深地感受到它所代表的坚不可摧的力量。金字塔的力量感强大得不可思议，因而也具有极强的权威感。我相信当时那个时代的人在看到金字塔之后，不可能还有勇气去挑战它所代表的那些法老的权威。

石头沉重而难以移动，因此可以象征“不变”的基础。就像巨石阵里的石头，千万年来始终屹立在同样的位置，阳光总是在每年春分的那一天照到同样的地方。

石头的重量感和稳定性，让它有一种“镇”的力量。因此，在中国传统建筑中，石头经常被作为“镇邪”之物。比如门前的石狮子，就是用石头的力量和狮子的形态来镇住那些想闯进门来的妖魔鬼怪，保护门里的家族。中国传统建筑中还有一种专门用来镇压邪祟的石头，名为“石敢当”，有时候也被称作“泰山石敢当”，用泰山之名来加强石头的力量。

石头砌成墙，可以象征着有力的保护。在上海外滩，百年前建造的中国通商银行大楼就是用厚实的花岗岩作外墙贴面，显得非常牢固——储户把钱存在这样的地方，心里会增加很多安全感。

另外，石头质冷且硬，因此也可以象征“不懂感情的人”，女人有时候抱怨男人不懂浪漫，就会说对方“像块石头”。石头作为建筑材料的时候，也有类似的意义。如果住宅内部用的石材太多，就会让人感觉这所房子比较“冷”和“硬”，不够温馨、舒适。

当然，如果把石头切割得很薄，或者打磨得很圆润，也可以让石头具有轻盈、灵动、优美等不同特质，但那都不是石头这种材质本身的意义，而是灵活运用的结果。

水泥和砖

水泥的外观和石头有些类似，所以有时也有类似的象征意义。比如，厚重的水泥墙如果采用本来的灰色，窗户也比较小，就会给人一种“碉堡”一样的防御保护的感觉。水泥缺少石头的天然纹理，所以感觉不那么自然，缺乏生命的气场。在我们的印象中，水泥好像不透气，而石头却没有这种不透气的感觉，所以水泥不如石头让人舒服。

如果没有其他东西修饰，水泥就缺少一种质感，也缺少一种能够让我们想象并用来赋予其象征意义的基础。它是一种介于泥土和石头之间的东西，但是它没有石头的力量感，也没有泥土的那种柔和感。如果我是一个从远古时代穿越过来的原始人，看到水泥建筑，联想到的可能是戈壁荒漠中干硬的地面。它会让我不舒服，不论是用于家居还是别的建筑。

不过，好在现代建筑可以用各种外墙装饰来覆盖水泥本身，从而形成不同质感的建筑。

砖虽然也是人工材料，但是感觉上和水泥不一样，有一种特别的质感和纹理，也有独特的象征意义。

砖保留了石头稳重、坚实的特质，但是又感觉比石头更轻、更温和，可以象征保护以及温暖。

砖是一块一块砌在一起的，砖和砖之间有砖缝，构成一种图案或纹理。这种纹理的存在，使得砖墙不像水泥墙那样让人感觉“不透气”。砖墙给人的感觉是安全但是又不隔绝，因此更加适合一般的家居建筑。

木头和竹子

木头是树的一部分，树根植于大地，是从泥土中生长出来的生命，带来一种厚重又有温情的力量。木头的象征意义是自然或与自然相协调的生命。如果将石头比作冷漠而强大的战士，就可以将木头比作体魄强健而性情敦厚的大叔。如果说石头像牛一样坚定，那木头就像熊一样柔软。

中国古代建筑一般都是木头和砖土结构的，这和地理环境有关——中原地区山比较少，所以石材也少。但是石材少并非主要原因，喜欢用木头做建筑材料与中国人的性格关系更为密切。中国人追求与自然和谐，而木结构建筑最适合体现这种追求。

中国南方很多古镇的房子都是木结构的，不仅梁、柱是木头的，而且墙也是木板墙，感觉仿佛是从土地里生长出来的一样。

和冰冷的石头不同，木头有一种温度感，这种温度感让人联想到亲情和友情。采用木质的材料，可以增加建筑的舒适感。突出木头质感和原有色彩的家具，象征着质朴的生活。和石头不同的是，木头不那么坚硬，因此象征着更温情的人和事物。有时，木头可以被用来象征父亲，支撑着家庭、庇荫着家庭的父亲如同一棵大树。和石头不同的另一点就是，木头有一定的可渗透性，边界感相对来说不是那么强，所以比较有亲切感。

现代人喜欢用木地板，可以让家的感觉更亲切和舒适。

在中国人常用的比较特别的天然材料中，与木头类似的还有竹子。

竹子和木头有相似的地方，比如它们都象征着自然，而且竹子更能象征一种与自然协调的生活态度。竹子和木头也有不同的地方，比如竹子感觉上更“轻”而且更“清凉”一些，不如木头让人感觉温暖。相比木头，竹子所带来的亲切感、舒适感要弱一些。

不过，竹子这种清凉的象征意义，可以用来营造一种超越性的气氛，比如隐士或者高人的感觉、茶室中那种闲适的感觉等。夏天，屋外的竹子可以营造一种阴凉的感觉。

在中国文化中，竹子有约定俗成的象征意义，一见到竹子，了解中国传统文化的人就会自然而然地联想到这些意义。以竹子作为建筑材料也可以唤起相应的联想，比如隐逸、书卷气、洒脱等人格品质。

玻璃

中国古代的玻璃生产技术不如欧洲，因此在古代中国建筑中，没有大面积使用玻璃的情况。

玻璃最大的特点是其透光性和折射性，所以其象征意义也和光有关。光，或者说光明，象征着智慧、善、自信等，因此玻璃也具有与此相关的象征意义。

教堂使用大量的彩色玻璃窗，让阳光变成各种色彩洒入室内，并用这些光来象征上帝的光辉。上帝是光明的，而魔鬼是黑暗的，这是人天生就可以理解和接受的象征意义。这里的光明就是善和智慧。

西方古代贵族家庭悬挂的水晶吊灯，就是利用玻璃或水晶折射灯光形成炫彩的效果，其象征意义是有光彩、引人注目、值得炫耀。

玻璃还有一种通透性，在视觉上仿佛不存在一样，这就让人们把关注点放在透过它所看到的景观上。我认为这种效果非常适合中国园林。只不过，由于中国古代缺少玻璃这种材料，因此并没有大规模使用玻璃。

中国园林中必不可少的亭子，是古代中国人创造的一种几乎没有墙壁的建筑，主要目的就在于增加通透性。亭子可以让人更加亲近自然环境，从而接近那种天人合一的境界。如果可以安装大面积的玻璃窗，那么很多房子都可以实现亭子的视觉效果，而且还不妨碍遮风避雨。

现代建筑采用大面积的玻璃窗，主要也是为了形成通透性的效果。因此，在外部景观很好的地方，玻璃窗可以大一些。

现在很多商业建筑外立面大量使用玻璃，追求的是一种炫目的效果，象征着引人注目。

中国传统文化认为，玻璃的反光对周围建筑中的人有害，并称之为“光煞”。从环境心理学的角度可以理解为，玻璃建筑的主人以其过于炫耀和进取性的行为使周围的人产生了心理压力。

室内装饰和家具中使用玻璃，其象征意义有时更像是冰，会让人感觉比较凉。如果需要建构一种家庭温馨感，那么玻璃并非好的选择。但是玻璃的另一个象征意义是清洁，因此，玻璃制品可以用于营造关于清洁的意象。在厨房或者餐厅中恰当地使用玻璃，可能会带来一种很好的效果。

金属

金属质冷而且硬，给人感觉有力量，但是比较无情。如果在家居设计中用了较多的金属材料，就会形成一种有效率但不温情的生活气氛。用在工业、办公和商业环境，会让人产生与效率、秩序、工业化、正规化有关的联想。

由于金属材料在形状、大小等方面的可变性非常强，因此其象征意义也经常变化。

由于金属是工业化以后才大量使用的一种材料，因此适合营造现代感。

如果使用了金属，但是又不希望营造这种又冷又硬的现代感，那么可以用油漆来改变金属表面的颜色和质感。

草和布

不论中外，古代建筑中使用草都是为了便宜，在人们的理解中，草房子是简陋的居所，象征意义也往往和贫寒有关。

不过另一方面，草是比木头更加柔软的天然材料，所以也可以象征温暖、天然等积极的品质。现在的建筑可以用其他材料模拟草的外形，形成一种天然的质感——度假村的住房就常常如此。

布比草更加温暖和柔软，或许布是最为温暖和柔软的材料。在心理学意义上，布可以象征人类体贴温暖的怀抱。被拥抱的感觉，是人的依恋感的基础。孩子抱着布娃娃，可以享受到类似被妈妈抱着的感觉。在家居环境中适当地使用布，可以大幅度增进舒适度和温馨感，让人放松身心，对家产生依恋。即使只是在木头表面包一层布，也能大大提高舒适度和温馨感。

水

水的象征意义包括情感、滋养和资源等。

中国传统文化更重视水的滋养和资源功能，因此说“水就是财”。

建筑群落中，如果有泉水以及天然或人工的溪流、湖泊等，那么的确可以提高人的满足感，人们会感到更加滋润。这种感觉潜移默化地对人产生影响，使人更加积极地面对生活，久而久之，生活也的确会变得更好。当然，水不能脏，脏水不仅不滋养人，反而会让人产生厌恶感。

临江或者临海的建筑，使人们能够在室内欣赏江景或海景，给人带来很积极的感受——难怪人们愿意为此支付更多的购房款。

室内环境中，鱼缸等与水有关的物件也可以起到类似的作用。鱼本身也象征富有，这就加强了水所带来的积极的心理暗示作用。

水的情感功能也很重要，小河边或湖泊边是和家人一起休息放松的好地方。

即使没有真正的水，只是与水有关的图画、象征水或者与水的感觉类似的材料，也可以起到类似的效果。

以上这些可以说是建筑以及其他人造环境中的常用“词汇”，至于有些建筑师特意选择一些“偏词”（即其他特殊的材料），并借助其特殊的质感引发特殊的心理感受，就只能在具体谈到那些建筑的时候再分析了。

16

环境色彩的象征意义

色彩不仅是不同频率的光线，而且每种色彩都有其象征意义。色调、亮度等稍有细微变化，其意义可能就有所改变。而色块大小不同、同样的色彩用在不同的器物上，其意义和感觉也有所不同。各种色彩带给人的最基本的感觉，以及人们赋予各种色彩的基本意义，主要来源于远古人类生活环境中的各种事物的色彩。

需要注意的是，什么色彩有什么样的意义和作用，不是可以简单总结而后套用的，必须具体情况具体分析。

因此，以下对环境色彩象征意义的概述，只能作为一种理解色彩的启发，而不能看作“各种色彩象征意义一览表”。

绿色

绿色，给人带来的基本感觉和基本象征意义是平静，因为远古人类生活在大自然中，看到的最主要的就是遍布各处的绿色植物。绿色是最平常的一天中最平常的颜色。因此，绿色意味着普通的一天。

绿色还代表平静，这种平静是让人舒服、放松的平静，而不是死寂的、让人不舒服的平静。因为生活在郁郁葱葱的绿色丛林之中，填饱肚子大概不成问题，生活是安逸的。现代人生活在城市中，看到的绿色总是不够多，因此当人们来到满眼绿色的大森林或大草原时都会特别开心和兴奋，这是一种缺乏后的补偿作用。而原始人看到绿色，则会感到平静、舒服，而不是兴奋。

冬去春来，大地从黄色、褐色或灰色逐渐变成绿色。原始人也逐渐摆脱饥饿和寒冷，迎来有吃有喝的好日子。绿色象征着万物的生长。因此，和生长、增长、生产和成就有关的主题，都可以和绿色产生心理上的联系。如果要在某个环境设计中传达“生长、成就”的意义，那么不妨试试绿色。所选的绿色，应该是干净、清亮、偏嫩的淡色的绿，因为这和新叶的色彩更接近。

如果看到别人的成长和成就超过了自己，那么我们可能会感到嫉妒。别人的成长和成就和绿色有关，而嫉妒则意味着在我们的心中产生了不愉快的消极情绪，包括压抑的愤怒、失败的痛苦等，这些消极情绪会使得感觉中的颜色变得更加浑浊。因此，浑浊的绿色往往代表着嫉妒。此外，妻子有外遇，人们常会说丈夫“戴了绿帽子”，这种说法是有历史原因的，但绿色显然也确实适合表示嫉妒。不过要注意，“绿帽子”的绿色应该是一种浑浊而不鲜亮的绿色。工作、学习成就不如别人，心态往往也是绿的，而且也应该是一种浑浊的绿色。

在象征层面，绿色是地、水、火、风之中风的基本颜色。春风让大地变绿，因为风本身就是绿色的。因此，在表达风的象征意义时，可以用绿色——但只限于正常的风，飓风和台风就不能用绿色来表达。绿色的食物，其象征意义常常和风有关。中医认为，吃绿色食物，特别是春天的嫩芽，对肝有好处，而肝好，可以疗愈和“风”不正常有关的疾病，就是这个原理。如果环境中有好看的绿色，也会对与“风”不正常有关的疾病有疗愈作用。比如“中风”（即卒中）或其他心血管疾病，都可以通过生活在充满绿色的环境中得到一定的缓解。

红色

原始人生活中最重要的红色，就是初升的朝阳和傍晚的落日。太阳是一切能量的来源，没有太阳就没有生命的力量。因此，红色最基本的象征意义就是力量和生命。

红色还是火的颜色，火也是能量的象征。火也可以象征激情、兴奋、愤怒和毁灭。

红色也是血的颜色，血是生命力、活力和激情的象征，从身体流出的血象征着受伤甚至死亡。

可见，太阳、火和血，它们的象征意义非常相似。因为在原始认知中，太阳就是火，是最大的也是最初的火，而血是溶解在水中的火。这三者本质上是同一个东西。太阳之火是生命之火的来源。看到日出，就仿佛看到了生命的诞生，因此人会感到兴奋、喜悦和激动；看到日落，就仿佛看到生命的消逝，因此人会感到忧伤，而且是一种悲壮的忧伤。

太阳、火和血都是一种浓烈的大红色。

将这种颜色用在建筑物、装饰物或者其他环境中，都会让人产生很强烈的情绪和感受。

现实生活中少有以大红色为主色调的建筑物，将内墙刷成大红色的房子也很少见。这样的房子不适合居住，因为大红色总是使人兴奋，而人不能长时间处于兴奋、激动的状态，否则精力就会被耗尽，或者变得躁狂。有一次，我在宾馆房间的墙上看到一幅装饰画，画面上的红色色块就像熊熊燃烧的大火，还很像鲜血，让我感觉很不好，容易产生恐惧感。出门在外，住在自己完全不熟悉的房间中，谁都不想看到这种让人恐惧的东西。

花朵或水果的红色是让人喜悦的颜色。花是快乐最好的象征。花儿开放，就像一颗快乐的心在开放。花有各种颜色，红色系的花一般都是在白天开放（蓝色系的花则多是在早晨或傍晚盛开），而白天又象征着生，因此红色花朵具有明显的快乐、幸福、喜悦的象征。

因此，花果的红色带来的是比较温和的兴奋感，可以用在游戏场所或者其他与儿童有关的场所，还可以用在与浪漫感有关的场所。但即使如此，这种兴奋也不宜维持太久。如果儿童的卧室用了太多红色，孩子就会不肯睡觉。如果夫妻的卧室中有大面积的红色，新婚蜜月期还可以，长期下去也是不合适的。

果子未成熟时是绿色的，而成熟后以红色和黄色为多。果子的红色会激发人的食欲，因此餐厅可以使用红色或者黄色作为主色调。

粉红色

粉红色实际上是胎儿在子宫中看到的颜色，因此它是儿童尤其是小女孩最喜欢的颜色，因为它象征着温柔、联结、依恋。幼儿园可以适当地运用这种颜色，这能减少儿童离开父母时的焦虑，促进其对环境的适应。不过，也正是因为这个原因，粉红色会让人感觉幼稚，不适合成年人过多地使用。

粉红色也是许多恋爱中的女性喜欢的颜色。从心理学角度分析，也许这是因为恋爱中的人会有“退行”表现（或者说回到孩童时期的心理倾向）。因此，环境中出现粉红色，可能会给女性带来浪漫温柔的感觉。因此，在和恋爱有关的情景中（如婚礼上），用粉红色来装饰很适合。

蓝色

蓝色，是天空和清澈的水的颜色。

顺便说一句，水是蓝色的。常规观念认为水是无色透明的，但实际上水是蓝色的。最纯净的水只要有一两米深，就会明显呈现蓝色。这里没有任何其他颜色来源，只有水，所以这个蓝色当然是水的颜色——只不过水的蓝色比较浅而已。

古人所处的环境中，天空当然是蓝色的，水也是蓝色的。蓝色的象征意义源于开阔的天空和水，象征着安宁、平和、美和智慧，也象征着滋润感。当然，这里所说的蓝色，是天空和水的那种清澈透明的美丽蓝色。

天空最为开阔，超过任何其他事物。人在什么时候会仰望天空呢？就是吃饱喝足了、没有事情需要做的时候。这时，人们心中的那种平和感、安宁感，和绿色带来的宁静是不一样的，蓝色带来的感觉更为干净，或者说超脱。

天空最为辽远，高高在上，可望而不可即，所以天空的蓝色有一种超越的感觉。

当一个人不局限于日常的生活，能放下自己心中的种种欲念和想法之后，会更加有智慧，因此蓝色也有一种启迪智慧的象征意义。

人的欲望来源于生命之火，所以欲望的色彩更偏向于红色（欲望的世界就被称为“红尘”，可参见《大话西游之月光宝盒》一开始的那个片段）。而人在摆脱欲望后，就会感到比较清凉，而蓝色则更容易让人感受到清凉。

从更现实的起源来说，人在正午最热的时候是不会躺在草地上看天空的，通常只有在傍晚才会这样做。因此，蓝色让人感觉到凉爽。除了天空，一尘不染的水（比如大海或湖泊），也会让人感觉到清凉或凉爽。

因此，当我们希望营造凉爽感觉的时候可以运用蓝色。冷饮店常常使用蓝色就是这个道理。避暑的地方也不妨多用蓝色。

我认为，正念中心这类地方也不妨用蓝色。蓝色不仅可以减少人的欲念，还可以辅助人们开启智慧。

幽深阴暗的蓝色，象征意义则与此不同。幽暗的蓝色象征着夜晚。夜晚既可以象征平静，也可以象征危险和恐惧。因为在原始人的生活中，夜晚是食肉野兽出没的时候，也是人的视力较弱因而对危险的防御能力较低的时候，所以幽蓝往往是恐惧的象征。恐怖电影中的底色常常采用幽暗的蓝色，正是这个道理。家居的颜色不要用太暗的蓝色，否则可能会让人感到轻微的恐惧，天长日久，对人的心理健康不利。

黄色

明亮的黄色是阳光的颜色，或者是果子的颜色和某些花朵的颜色；暗黄色是黄土的颜色；棕黄色是树干的颜色。不同的黄色象征意义也不同。

阳光呈现出金色的时候，是红色已经过去而白色还没有到来的时候，这个时候的阳光最舒服，温暖而不酷热。因此，金黄色往往象征着荣耀、光辉和爱，是一个很积极的象征。

黄金首要的象征意义是富有，但在潜意识中，它更重要的象征意义是完美的人格，是爱、热情和光辉。

因为黄色是最亮的颜色，最容易被人看到，所以明亮的花朵一样的黄色象征着外向张扬的心理品质。果子成熟后的黄色，也容易激发人的食欲或者其他的欲望，所以黄色也适合用在餐饮店中。

有些楼房以金色为主，很张扬地表达出那种豪华富贵的感觉，不过其缺点也在于过分张扬，以至于让人感觉有些浅薄。

黄土的黄色，其象征意义是厚重、稳定和朴实等。那种稳定而平和的感觉适合一般的家居环境，它不会激发太多的情绪，可以持久地形成一种安定的氛围。树干一样的颜色能让人感觉仿佛回归自然，也是适合家居使用的色彩。

适当运用土黄色，可以构成很好的建筑环境底色，并且能和其他的颜色适当搭配。

紫色

紫色，是红色和蓝色混合而产生的颜色。火在不充分燃烧的时候，或是晚霞逐渐暗淡的时候，都会呈现紫色。紫色象征着克制、矛盾或神秘。它有一种力量，但是这是阳性力量和阴性力量相结合后产生的力量，所以比较特别。它还可以象征高贵。

紫色其实有很多种，各种不同的紫色带来的感觉不尽相同。偏向于红色的紫色，更多一点浪漫的感觉；而偏向于蓝色的紫色，则感觉更加冷静。

带有神秘感的人、喜欢研究灵异事物的人，或是希望强调自己气质的人，比较适合紫色。在家居装饰中，可以用一些紫色来营造气氛。

灰色

灰色，总的来说是一种“沉下来”的感觉，所以其象征意义都和“沉”有关。

旧时北京四合院的墙壁都是以灰色为底色，形成一种沉潜厚重的感觉。

环境中的灰色可以形成一种不浮躁、不夸张的气氛，适合表达人生阅历丰富的人的那种沉稳的心态。灰色还可以作为一种基调，以其不张扬的态度来衬托其他色彩的表现，并把不同色彩统一起来，形成一种整体感。

不过，灰色有时会带来阴郁、灰暗的感受。长期没有人居住的房子落满了灰尘，就是以灰色为主色调，这种感觉就是一种灰暗的阴郁感受，甚至在某些极端情况下会让人产生死亡的感受。如果环境以灰色为主，对人的心理健康就是不利的。处在这种灰色的环境中太久，就会在不知不觉中变得抑郁消沉，情绪低落。如果有的人本来就有些忧郁，再生活在以这种灰色为主色调的环境中就会越来越抑郁。如果光线再不是太好，屋子里比较暗，或者比较脏乱，空气不够流通，气味不好，阴冷潮湿，那简直就是滋生阴郁情绪的培养皿。

在这种情况下，需要用明亮的色彩来冲破灰色的阴郁氛围。哪怕有一小点明亮的黄色或其他明亮的颜色，也可以让整体的氛围大为改善。比如，装饰画上的一朵黄色的小花，或者花瓶中黄色、浅红色的花朵等都很有用。

黑色

黑色，其象征意义是两极化的。从积极的一面看，黑色象征着力量、强大、坚实、厚重等，它是安谧的夜晚，是坚硬的钢铁，是肥沃的土地，是伸手不见五指的洞穴；从消极的一面看，黑色则是危险、邪恶和死亡，夜晚是野兽、鬼怪和邪魔出没的时候，而洞穴深处也可能藏着毒蛇或鬼怪。

黑色和大红色放在一起，会唤起一种带有魔性的力量，非常有力量，非常有吸引力，但是也非常危险。这种颜色搭配很能激发人的进取性，但是也容易让人欲望膨胀，小说《红与黑》就体现了这一点。

建筑设计或其他环境设计中，黑色的使用往往取决于设计者个人的喜好。有的设计师会谨慎地运用黑色，有的设计师则特别喜欢黑色带来的力量感和神秘感。

白色

白色的象征意义有许多，比如纯洁、清洁，以及善良、朴素，还可以象征死亡。

室内墙壁常见白色，这是一种朴素的颜色，代表没有装饰的本来面目。

江南地区的传统房子的墙选择白色，象征意义主要是干净清洁。屋顶用黑色的瓦，是用瓦的黑色来“镇住”整座建筑，避免轻浮感。

总而言之，色彩和人的情绪关系密切。**从某种意义上说，色彩就是可以被看见的情绪**。

我在大学的心理学课堂上，有时会带着学生进行一种心理实验：先让学生们在自己身上诱发一种情绪，然后想象这种情绪本身是有颜色的，看一看它是什么颜色。学生们会发现，各种情绪的确都对应着相应的色彩。

总体来说，喜悦类的情绪对应的是暖色调的色彩，比如红色、黄色或者橙色。各种鲜亮的颜色同时出现，也是快乐的象征。愤怒类的情绪则以红色为主，当愤怒被压抑而不能畅快地释放的时候则偏向于紫色，愤怒更为压抑的时候则成为灰色或黑色。恐惧类的情绪以暗蓝色和灰色为主；悲哀的情绪以灰色为主；焦虑的情绪则往往以棕色为主。当然，各种细微的情绪变化带来的色彩变化也是很微妙的。

因此，环境色彩的调配对人的情绪有很大的影响。当我们把环境色彩调配得适合某种情绪的时候，从某种意义上说，就等于我们身边有一个正处在这种情绪中的人。如果环境的色彩是快乐的色彩，那就等于一个快乐的人一直在我们身边；如果环境的色彩是抑郁的色彩，那就等于我们一直生活在一个抑郁的人的身边。

调配环境色彩，就是调配情绪；调配情绪，就是调配生活。

17 桥、竹子、利器意象的意义

人造环境中，我们可以人为地创造一些形象，这些形象在我们心中有象征意义，因此可以称之为意象。了解它们的象征意义很有必要。作为示例，以下对少数几个常见意象的象征意义做一点解说。

桥

桥穿越河流，连接两岸，高踞水上。因此，它象征着走向新的人生境遇，象征着人与人之间的联结，或象征着以某种超越日常生活的心态看待世界。

梦境中的桥的意义最接近这个意象的基本象征意义。比如，在梦中过桥，有可能象征着走到了人生的另一个阶段。在人生转折点，如刚上大学时、刚刚工作时或濒死时，都更容易梦见桥。人们常说的“奈何桥”就是象征生死转变的桥。另外，建立新的朋友关系时，也有可能梦见桥——心与心用“心桥”联结。恋爱时尤其容易梦见桥，因为除了联结心与心之外，桥还可以作为身体连接的象征，也就是性的象征。因此，牛郎织女要在鹊桥上相会。如果梦见自己站在桥上凭栏看水，大概就是“看世间事如江水流过”的感觉。

现实环境中的桥，其心理意义又是什么呢？首先我要说明，古代的桥和现代的桥所营造的环境感觉并不一样。古代，除了《清明上河图》中的闹市之桥，大多数的桥并不是交通非常繁杂的。因此，桥上的人可以漫步，可以凭栏赏景，可以随意驻足。而现代的桥大多是建在交通非常繁忙的地方——我们不可能在高架桥上停车，也不能在桥上漫步赏景；相反，我们只能迅速或者说匆忙地过桥而去。

古代的桥，尤其是溪流上的小桥，常常给人一种宁静、平和、安详的感受。在这里，桥的存在是为了衬托流水的存在，而溪流和小河则象征着滋润。生活在溪流边，会感到生活滋润而美好，如果没有桥只有溪流，就太与世隔绝了。而一座没有几个人走的并不繁忙的小桥，既没有隔绝感，又保留了滋润感。小桥流水人家，就是那种宁静的家居环境的象征。古代描绘隐士生活的画卷中也经常有桥的形象，其象征意义也包括宁静，同时也表明隐士的生活和一般人是在不同的区域的，是在水的那一边。

古代还有一种桥很常见，那就是和美景或者风月相关的桥。这种桥的重点不在于通过，而在于驻足其上。“二十四桥明月夜，玉人何处教吹箫”，这里的桥是青年男女相聚、赏月的地方——因为桥在水上，所以最适合在桥上欣赏月亮的倒影。这里的桥也适合吹箫，因为借助水的作用，箫声会更好听——当代大学生都知道水房最适合唱歌，只不过在水房唱歌没有在桥上吹箫那么优雅。

当然，现代园林中也可以按照古代的方式来造桥。

因为现代的公路桥或铁路桥较为繁忙，所以不能体现那些古代桥的意义。虽然不适合在桥上欣赏风景，但是却适合在桥下的某个地方欣赏其雄伟壮观之美。因为现代的桥之宏伟，是古代的桥所望尘莫及的。白天，它们以其强大的穿越能力给人们带来力量感和成就感；夜晚，在灯光和水波的映照下，又可以给人们带来美感，让人们产生一种暂时脱离忙碌生活的超越现实的感受。

竹子

竹子是中国古代南方园林中最重要的植物之一，其象征意义有正直、高雅、虚心等。[①] 竹子的品质是中国人心目中君子的品质。

对竹子的这种赋意是中国人所特有的。中国古人认为，在园林中种植竹子，可以让环境带有君子的气息。苏轼曾经有诗："宁可食无肉，不可居无竹。无肉使人瘦，无竹使人俗。人瘦尚可肥，士俗不可医。"颇有传统文化素养的中国人在见到竹子后，会很自然地感受到那些喜欢竹子的古人为竹子赋予的意义，也许会联想到竹林七贤，联想到苏轼、林黛玉……他们的心态方能和这些"不俗"的古人相联结。

传统中国园林对竹子的布置方式，通常是大量密植，然后在竹林中开出一条小道来。这种方式可以让竹子的遮阴作用最大化，强调一种"幽"的境界。用大片的竹林来遮蔽，可以让人把自己的生活区域和其他人的生活区域分隔开来，使别人不容易看到自己，从而避免了被"俗人"打扰，这也符合竹子"高雅"的意义。

另一种布置方式，则是在园中种植很少的几杆竹子，没有遮蔽作用，但是竹子的形态却可以更好地被凸显。竹子的枝干笔直而有弹性，中国古代的绘画作品已经培养出了中国人对这种形态的偏好。寥寥几杆竹子种在窗边，白纸糊的窗子上，竹子的影子非常类似用水墨画的竹子。如果竹子种得太密，影子则会显得繁乱，没有这种如同画一样的效果。

① 赵丽．中国古代文学中的竹意象 [J]. 洛阳工学院学报（社会科学版），2002（03）.

当代园林中种植竹子，有时既不是密植而营造竹径，也不是少量种植于窗边而营造竹窗，竹子没有了传统文化的传承，也就比较难以显示出传统文化为竹子赋予的象征意义了。这样的竹子，也就只是一种植物而已。

利器

利器，如刀、剑、枪等，其象征意义往往和攻击性有关。精神分析心理学认为，这些利器的外形类似男性性器，所以其象征意义也和男性气质有关。

中国传统文化崇尚和平，因此对利器的意象一般比较回避。如果山形犹如利器，那么人们会尽量避免在附近建住宅，以免被“暴戾之气”所伤害或者感染。如果建筑的形状如同利器，那么大家也会认为这对周围的人来说是不祥的。如果有人故意把自己的房子建得如同利器，周围的人就会把这理解为一种带有恶意的行为。

建筑有明显的尖角或棱角，而这个尖角正对着别的建筑，也是中国传统文化所忌讳的，因为这样会让居住在其中的人受到威胁。

在室内小环境中，中国人也并不喜欢用武器作为装饰，甚至不喜欢生活区域中有内容暴力的书法作品，认为这会破坏居住环境的祥和气氛。

这和西方文化似乎颇有不同。西方的一些城堡的形状很是尖锐，远看就像刺向天空的刀剑一样。在室内装饰中，西方人也不避讳在房子中陈列武器，或者陈列牛头、羊头、鹿头等猎获物的标本。这可能是因为西方人的尚武精神更强一些，而中国在宋代之后，尚武精神越来越弱。

在住宅设计方面，应避免利器形状，才能满足居住者对安全感的需要。不过，某些有特殊用途的建筑除外，如军队的营地或警察的学校，不妨采用利器形的设计，以强化力量感和男性气质。

如果附近有利器形的建筑，威胁已经存在，那么周围的其他建筑可以用保护型的设计来减少其消极影响。比如，可以建造盾牌形的建筑来提供保护作用。

强光或强烈的反光，也可以看作一种利器。玻璃幕墙的强反光或是耀眼的灯光，如同刀剑所发出的光芒，具有攻击性。因此，周围的建筑也应采取防御性设计，减少其所带来的心理威胁。

上述几个意象的分析，对于我们了解各种意象的象征意义显然远远不够。不过，我们至少可以从这少数几个意象的分析中看到意象的作用多么巨大、多么值得重视。

18 房子如何满足人

我住的小区最近做了一件好事：在楼宇间的空地上建了一个小小的、很漂亮的房子给流浪猫住。

然而，流浪猫不给面子，一只都没有住进来。

我站在猫的角度去看了看，发现这里的确不适合它们住。这小房子紧邻道路，而且没有遮蔽，猫住在这里太缺少安全感了。另外，它三面透风，冬天肯定不暖和。

给猫建房子，一定要考虑猫的需要才行。

同样，给人建的房子，也必须符合人的心理需要。

建筑可以满足人的哪些需要呢？例子太多，无法穷尽，接下来挑选几个比较重要的讨论一下。

安全感和私密性的需要

房子最初被发明的时候，最主要的作用就是保护人的安全。有了房子，野兽就不容易侵入。房子还能遮风避雨，使人不受恶劣气候的影响。直到现在也是一样，谁都不想风餐露宿，房子让人有安全感。

好的住宅，应该让人感到安全。

为了确保安全，房子应该不易被侵入。另外，最好有警戒的措施，如小区保安、防盗门、报警设备等。

住在偏远的地方，周围没有邻居或是邻居很少，会让人产生不安全的感觉，因此应该尽量避免。

中国人认为，风水好的住房，最好是背靠高山，而且左右各有一座稍微低一点的山，房子前面应该是开阔的。这不仅是风水的讲究，也是为了满足人的安全需要。因为人在潜意识中会把房子认同为自己，房子背后有山，就好比一个人背后有屏障。一个人背后有屏障，就不容易被人从后面偷袭，所以就会更加有安全感。

私密性是获得安全感的主要条件。

如果住宅缺少私密性，外人可以轻易看到房子里的情况，那么住在房子里的人就会缺少安全感。

如果住宅四周都是道路，就会缺少私密性。因此这种地方不适合建住宅。

如果住在封闭的小区中，离主要道路有一点距离，那么私密性就会更好一些。

私密性也是为了避免精神上的不安全感。如果自己的生活很容易被邻居看到，那么即使我们很信任这个邻居，知道他不会做坏事，我们还是会感到不舒服，因为我们在精神层面感觉被侵入了，这也是一种不安全感。

甚至在亲人之间，如果缺少私密性，也同样会带来不安全感。比如，房间的隔音不够好，年轻夫妇的隔壁住着公公婆婆，年轻人就会感到缺少安全感。这里的不安全感，就是指个人的私密生活可能会被侵入。

如何让房子更有私密性？简单的思路就是，别人不容易看到，不容易听到，也不容易进去。简单的做法就是采用某种遮蔽物。

要让别人不容易看到，就要注意窗户的设计。不要让别人很容易地透过窗户看到屋里。楼房之间的距离比较远，也可以起到保护私密性的作用，毕竟用望远镜偷窥的人是极少数。如果距离近，可以用窗帘保护私密性。

低层住房或别墅，如果有落地玻璃窗，私密性是比较弱的。如果别墅门外是这家自己的院子，那么私密性是可以保证的。但是国内一些别墅区密度相对较大，院子可能很小，相邻两家之间离得很近，那就需要时常使用窗帘了。

听觉上的私密性，要靠更好的隔音效果来实现。

要让别人不容易进入，一是房子不要建在街面暴露之处，还有就是要用栏杆等物构成一个屏障。如果房主是公众人物，不要让别人知道自己的住址，也是保护私密性的一个方法。

社区感和归属感的需要

私密性虽然重要，但是过于私密的住房也有一个缺点，那就是不能满足人的另一个需要——社区感和归属感的需要。

人需要社交。如果缺少社交，人就会感到孤独。因此，邻居之间的交往也是必需的。几十年前，北京人所住的大杂院，私密性是很差的，但是搬到楼房去住以后，有很多老北京人反而留恋之前的大杂院，就是因为大杂院里邻里之间很亲密，交往方便，满足了人对社区感和归属感的需要。

那时的北京大杂院中，老年人可以随时围坐在一起下棋打牌，孩子们成天在一起玩，邻里之间有困难可以互相帮助，有一种大家庭的感觉，这种感觉增强了人们的幸福感。

私密性与社区感、归属感所需要的条件是相反的：私密性需要隐蔽的、互不干扰的、互相不方便介入的环境；而社区感和归属感需要的是方便互相来往的、开放的环境。

这个问题是可以解决的，就是在给人们提供私密区域的同时，也设置一些公共交往的空间。在一套房子的内部，每个人的卧室是私密空间，而客厅则是公共空间；在一个居住区，可以建一座公共的小花园作为公共空间；在城市里，公园或广场可以作为公共空间。

有一次，我去了某座著名寺庙，看到寺庙中也采用了这样的平衡之法。庙门外的广场，有人晨练，开展种种市民活动，是很公共化的空间；庙里的大殿前人来人往，是信众的公共空间；而侧面的小院，是僧人们生活和打坐的地方，那里很安静，成为很好的私密空间——当然，必须有"游人止步"的牌子作为屏障。

优越感和力量感的需要

优越感和力量感是人最重要的几个心理需要之一。因此，建筑也常常需要满足人的优越感和力量感。

"高"是形成优越感和力量感的主要要素之一。在农村，如果哪家盖的房子高于邻居的，往往会引起邻居的不满，有时甚至会引起冲突，因为这种做法明显是想在精神上压倒邻居。在城市，楼房能盖多高，一方面取决于城市规划，另一方面取决于出资者的财力，所以楼盖得越高就会带来越多的优越感。过去，各个城市间经常相互竞争，试图让自己的建筑成为"中国第一高"，甚至"亚洲第一高"。

高度会带来优越感和力量感，这是早在人类还未进化成人类时就有的本能。身材高大的猿，通常在种群中力量更大，所以往往更容易在群体中占据更高的地位。矮个子的猿，抬头仰视更高大的猿，多多少少会有些恐惧，会害怕对方攻击自己。

人们建筑房子的时候，会在潜意识中把房子看作扩大了的自我，因此自己家的房子更高，就仿佛自己的地位也更高，感觉自己比别人更优越或者更强大。这种感受虽然并不合理，但是对人的影响却是切实存在的。如果大家住的都是平房，其中一家的房子比周围邻居的都高，这家的人就会更有优越感，也更有自信心。在这种潜在影响下，这家人在现实生活中也会更有进取性，从而取得更多的成功，他们就更有理由自信，形成一种良性循环。不过，还有一种可能，他们的进取性会招致更多的嫉妒，结果使得他们在现实中遇到更多的挫折，反而不容易取得成功。

把房子建筑在更高的地方，即使房子的绝对高度并没有超过别的房子，但看起来也会高于其他房子，这同样会带来优越感。这也是一种动物性的本能。群体中社会地位高的猿，会更愿意待在高处，用“地势”的高来显示“地位”的高。居高临下，发生冲突的时候更能占据优势，带来更有力量的感觉，因此，位于高处的猿或者其他动物在同类中更有优越感。

当然，高度并不是唯一的影响要素。大货车在高度上要超过高档轿车，而且大货车也显然比高档轿车更有力量感。不过，大货车司机未必在高档轿车司机面前有优越感。因为他们理智地知道，对方比自己更富有或者有更高的社会地位。另外，大货车的舒适性也不如高档轿车。但即使如此，大货车司机有时还是能感觉到一种力量感。

在公寓楼中，住在高楼层的人通常并不觉得自己比住在低楼层的人更加优越。原因是，高层的住户并不能直接看到自己下面的楼层，所以并没有那种直观的比较。不过，当高层的住户在窗户边俯瞰城市夜景的时候，还是会产生一些优越感。

“大”是让人获得力量感的另一个要素。这同样来源于远古时期的动物本能，同类中体型更大的个体在战斗中更容易取得胜利。

我们常常把一些占据优势的人物叫作“大人物”，古代画卷中的皇帝画得比身边的人大很多，也是这个道理。

如果我们住的房子很大，我们就会产生力量感，而这种力量感又会带来优越感。正是因为这个原因，人们才会花费大量的金钱来购买更大的房子居住（尽管实际上并不需要那么大）。这可以增强一个人的自信，从而有利于他未来的成功。

当然，事情也不是绝对的。如果一个人的住房太大，而他自身又非常缺乏自信，以至于他在潜意识中没有办法把这样的房子认同为扩大了的自我，那么这个大房子就不会增加他的自信，反而在大房子的映衬下，他会感觉自己更加渺小。

另外，用坚实的材料建筑房子也可以带来力量感。用大块石头砌的房子，比起用木板搭的房子，力量感当然要大得多。如果房子上有代表力量感的装饰物，比如在房顶放一尊大炮，那么也会大大增加力量感。

不过，优越感和力量感更强的建筑往往都不可避免地存在这样的缺点——亲和性比较弱。道理很简单：你优越，就是表示别人不如你，别人自然不高兴。而相互比较的前提，就是你们之间并不亲密。不亲密，才有竞争，有竞争，才会产生优越感。同样，力量大是为了什么？是为了竞争，你战胜了别人，别人怎么可能和你很亲密？

不需要凸显亲和力、只需要彰显优越感和力量感的地方，才适合这种建筑，如权威机构、军事机构或者司法机构等。优越感极强的人也喜欢这样的房子，但是如果真的住进来，对他们来说未必是好事。因为他们会在房子的强化下继续追求优越感，也继续和别人疏离。而作为一个普通人，当优越感和力量感太强、和别人太疏离的时候，也就比较容易和人发生冲突。一个普通人，不管自己感觉多么优越、多有力量，和大家的力量相比总是要小很多的，因此他在生活中肯定会时常遭遇冲突，并且很可能遭遇失败。

当然，人还有很多需要要由建筑来满足，这里就不一一列举了。总之，**建筑是人类对环境最重要的改造，也是人类生活中最重要的部分之一**，如何让建筑满足具体的人的具体需要，的确是一门深不可测的艺术。

19

“穿心”怎么伤了我们的心

传统堪舆术对于住宅的结构布局有很多原则。比如，横梁不能压顶、门不能正对道路、窗户不能对着尖角等。对于其中的原因，自然有一套传统的说法。现代人对于那些说法未必都相信，但是我们会发现，前人总结出来的这些经验性原则在实践中的效果是很好的。因此，即使我们不相信传统的解释，也可以接受这些原则，并且可以用当代人能理解的方式来说明其中的道理。

比如，有一个原则是，住宅的前门不能正对后门，否则叫作“穿心”或“穿心煞”，这种格局据说会导致“人财两伤”，即人容易生病，家容易破财或者不容易发财。

按照堪舆术的说法，这是因为“穿心”这种格局不能聚气，也就是说，气从前门进来之后没有回旋，就直接从后门出去了，因此这个地方不能聚财；气流动得太快，容易伤人，人就容易生病。这种说法对于古人来说是非常简单明了的，但是在很多现代人看来就显得太玄虚了。这种无形无影的气显然并不是空气，那它是什么呢？为什么不聚这种气，家里就发不了财？

让我们从环境心理学的角度来分析一下，看看这个格局究竟对人有什么心理影响，是不是真的不利于发财。

如果我们把房子看作“自我”的象征，那么有这种格局的房子象征着什么样的性格或心理状态呢？

第一，这种格局象征着一个人的性格非常直接，也就是通常所说的“直肠子”，说明这个人做事不会考虑很多，不懂得迂回，也不会想得很全面周到；相反，人们将那种考虑事情非常周密的人形容为“弯弯肠子”。挣钱不是一件简单的事情，如果凡事不考虑周全，而是大大咧咧地去做，就很难成功地挣到大钱——要挣钱，就需要反复地盘算、权衡。“直肠子”显然不习惯盘算、权衡，因此不太容易挣到钱。

那么，我们可不可以住在一个“穿心”的房子里，而提醒自己凡事多加考虑，想得周全一点，从而让自己发财呢？如果一个人原有的性格力量远远超过房子格局的影响，当然可以如此。然而，房子格局的影响还是会妨碍他发财。就好比逆水行舟，如果你划船的力气大，那么虽然你可以到达河的上游，但是肯定比顺水行舟要花费更多的力气。另外，如果是那种思虑周密的人，住在这样的房子中就会感到格外的不舒服，从而改变这种格局。

气流动得太快，象征着没有给生活中的各种事物一个酝酿发展的机会。各种事物匆匆经过他的房子，没有停留，没有受到阻碍，也没有和房子中的人和事物发生接触，所以也没有留下什么。

第二，“穿心”格局缺少界限感和隐秘感。如果门对着门，那么外面的人可以一览无余地看到房子的整体情况，而不会感觉到这个区域是这个房子自己的，是外人不能随意进入的。对一个人的性格来说，这种情况就象征着这个人的自我边界不清晰。正常来说，人人都有一个自我心理的边界，也就是说“我是我，你是你，也许我们关系很好，但是我自己的事情我自己决定”。

如果一个人缺少界限感，他的生活可能就容易被别人影响。比如，他的父母、配偶或朋友都会对他的生活品头论足，这些都会影响他的情绪或决策。这也许并不全是坏事，因为人际关系会带来更多的财富机会。然而，从另一方面来说，这也使他必须在人情往来中付出更多。而别人也会觉得这是理所当然的，因为他们觉得大家可以不分彼此。

更重要的是，这种无界限的状态容易让人心理受伤。由于缺乏自我的独立性，因此他容易受身边人的情绪和行为影响，一旦周围的人出现任何问题、错误或者对他进行任何干预，就都有可能伤害到他，即使是为了他好，也可能会破坏他的生活（就像那些一切都是为了孩子好的父母，反而会让孩子受到伤害）。一个性格独立的人也许可以抵御这种影响，但是毕竟要耗费心理能量，天长日久，对身心还是不利的。有些心理能量比较强的人在这种格局的房子中生活反而不会受伤，而且还会攻击其他人。比如，《水浒传》中的李逵就是一个“直肠子”的人，也是一个自我界限不清楚的人，作为监狱狱警，他住在牢房里，也就是我们所谓的“睡办公室”，毫无私密性可言。然而，由于他非常勇敢，因此他并没有害怕，并表现出了对外的强大攻击性——他成了一个杀手。

人住在这种边界感不好的房子中会缺少安全感。如果想体会一下这种不安全感，那么不妨想象一下睡在火车站是什么感觉——当然，住在这种房子中不至于像睡在火车站那么没有安全感，但也好不到哪儿去。当一个人缺少安全感时，他的身体就会产生应激反应，他会睡不踏实，容易上火焦虑。而这种应激反应经过长时间的积累之后，人的免疫系统就会变差，更容易出现生理疾病，也可能出现多疑、不安或者易于恐惧等心理困扰。

我们有办法化解这种格局带来的问题。比如，可以利用屏风或其他有分隔空间作用的家具来制造一道屏障，从而减少这种格局带来的消极影响。

过去有句俗语说“不听老人言，吃亏在眼前”。我们有时认为老人们所说的话未必有道理，但是他们给出的建议却常常是正确的。《三国演义》中的街亭一战，老于军旅的王平将军感觉马谡把队伍驻扎在山上不可行，但是马谡用“居高临下，势如破竹”的军事学原理把王平说得哑口无言，结果马谡打了大败仗，丢了性命。其实，我们的文化传统就像一位老人，他的话常常是经验的结晶，如果我们肯听他的话就会知道，“穿心”的房子是真的不好。

20

孙尚香的刀枪

当下流行的室内风水说认为，室内不宜以兵器为装饰，因为兵器上有煞气，对家庭的和谐不利。从环境心理学角度说，这有没有道理呢？

《三国演义》中，作为政治联姻，刘备娶了孙权的妹妹孙尚香，或者说他是入赘到孙家，和孙尚香结了婚。因为是在孙权的地盘上，受制于孙权，所以刘备一直忐忑不安，有危机四伏的感觉。要知道政治是复杂的，今天是盟友，明天可能就是敌人。孙权今天可以把妹妹嫁给刘备，要是哪天突然觉得不对劲，也可以随时砍掉刘备的脑袋。

书中说，新婚之夜，入洞房的时候，“两行红炬，接引玄德入房。灯光之下，只见枪刀簇满；侍婢皆佩剑悬刀，立于两旁，唬得玄德魂不附体。”“管家婆进曰：‘贵人休得惊惧，夫人自幼好观武事，居常令侍婢击剑为乐，故尔如此。’玄德曰：‘非夫人所观之事，吾甚心寒，可命暂去。’管家婆禀覆孙夫人曰：‘房中摆放兵器，娇客不安，今且去之。’孙夫人笑曰：

‘厮杀半生，尚惧兵器乎！’命尽撤去。”

从这个故事可以看出，房里有刀枪的确不好。新郎吓得魂不附体，怎么可能有幸福的家庭生活。因此，虽然孙夫人不相信什么室内风水，但也只能把室内所有兵器全部撤去，才能安然享受两人的蜜月。

当然，这个故事中的事情事出有因，不能作为普遍性的规律看待。刘备虽然是妹夫的身份，但孙权实际是在用对待潜在大敌的态度对待他。刘备感到的危险是现实存在的，而不是幻想出来的。在这种惶恐不安的心境下，他突然看到新房中刀枪簇满，虽然知道这并非要杀自己，但不安全感也必定会油然而生。如果他真的魂不附体，也并不是被孙夫人所吓，而是被孙权所吓。

我们一般人的婚姻当然不是这种政治婚姻，妻子家并不掌握丈夫的生杀予夺大权，也不会对丈夫有这样的恶意，所以似乎并不同于刘备的情况。但即使如此，家中陈设兵器也还是多少有一些不利之处。

有人做过一个心理学实验：有两组被试，研究者给他们呈现不同的图片，有的是武器的图片，有的是花草的图片，然后故意激惹被试，看他们是不是容易发怒。结果果不其然，看到武器图片的那组被试更容易被激怒，而且愤怒的情绪也更激烈；而看到花草图片的那组被试的反应则更加温和。

实际上，这是因为人所看到的图像及其在头脑中唤起的心理意象起到了联想和心理暗示作用。人在看到不同的图像后，内心中就会联想到不同的东西，这些联想活动也许并没有被人意识到，而只是在潜意识中存在。然而，当人遇到某种情境时，它就会悄悄地影响人，让人产生不同的反应。

假设一个人和妻子发生口角，心情很糟糕，不知道下一步该怎么办。这时，如果他在无意间看到了一幅画，画面上是美丽的草原和散落在草原上的小花，那么这可能让他联想到了度假以及一些快乐的事情，这样他就会采用一种较为友好的态度来回应。如果这个时候他看到的是一幅关于一把刀的画，那么他很可能就会联想到战斗，脑海中会浮现出一个男人在战斗获胜后被人敬仰的画面。这个画面也许一闪而过，甚至连他自己都没有意识到，但是他的态度就很自然地变得强硬，于是双方的口角也就越来越激烈了。

因此，**我们所看到的东西对我们有暗示作用**。所谓的“兵器有煞气，对家庭和谐不利”就是这个原因。更进一步讲，如果家庭冲突极为频繁和激烈，家庭成员在怒不可遏的时候，顺手抄起一个枕头打过去并不会有什么严重的后果，但如果顺手抄到了刀，后果将不堪设想。

还有，如果一个人有不安全的感觉，他看到兵器时可能就会和刘备一样心生恐惧，这对身心健康也是不利的。

弄清了原理，我们就可以更灵活地处理这个问题了。

我们已经知道，家里用兵器来装饰的确不好，但是也并非绝对不可以有兵器。

如果一个男人独居，他又非常自信，没有不安全感，那么他在家里布置兵器就没有什么关系，因为他不会对此感到恐惧；相反，兵器会激发他的豪情壮志和进取意识。如果他已婚且夫妻感情融洽，那么兵器的存在也不会让家庭不和。辛弃疾“醉里挑灯看剑”，对他家的风水似乎没有不利影响；相反，如果皇帝能重用他，这对整个国家的风水也许会有极好的影响。对于自信的人，兵器可以加强其自信。

兵器这个意象最基本的象征意义是攻击性。环境中有兵器或兵器的形象都会强化人的攻击性，这当然有危险之处。但是，从另一方面来说，攻击性和进取性在心理上是相连的，有攻击性也并不全是坏事。有攻击性才有尚武精神，才有竞争精神，这也是一个人乃至一个民族所需要的。从这个角度来说，中国传统室内装饰刻意避开兵器，的确带来了某种消极的结果，那就是中华民族的尚武精神被弱化了。实际上，如果一个人懂得如何自我管理和约束，那么尚武精神就不会导致盲目的攻击性。

兵器更深一层的象征意义是勇敢和力量。先秦的士人都是佩剑的，这表示他们不是文弱书生，而是允文允武。对于他们来说，这剑并非一种随时用来战斗的实用武器，而是一种士人精神品质的象征。剑对于他们来说，象征的是勇气和力量，是坚守道义和理想。

在更深的心理层面，兵器可能象征着镇服邪恶、彰显善良的意义。在佛教中，剑这种兵器可以象征催破无明、斩断烦恼。如果能体现出这样的意义，那么兵器这个要素的存在就更有积极的意义了。

当然，正如武功越高的人越需要讲武德，兵器越是能强化人的力量感，人就越是不能滥用这种力量。古代佩剑的君子都有良好的修养，不会滥用力量和勇气。

如果刘备不是在吴国遇到戎装美女孙尚香，而是在鲁国遇到了佩剑的孔子，想来他就不会恐惧，只会产生一种高山仰止的仰慕之情。

21

耳朵的美景

在环境审美上，我们通常更偏重于视觉，所以有个词叫作“景观”，意思是景是用来“观看”的。旅游景点载客的车叫作“观光车”，旅行社宣传旅游景点，通常也是用照片而不是用录音。

视觉的确重要，但我们真的不应该轻视听觉（从“轻视”的“视”也可以看出我们的确偏爱视觉）。实际上，耳朵的审美能力不亚于眼睛。“什么叫作‘不亚于’？**耳朵比眼睛更懂得美**。”某音乐家抗议说。说耳朵更懂得美，真的不无道理。人类创造出了音乐这种抽象的听觉艺术形式，只需要 7 个或 12 个音符组合起来就可以带来无穷无尽的美感。而视觉上，人类发展至今，绝大多数人都没有能力欣赏那些像音乐一样没有具体形象，而只是由色块的组合变化构成的抽象画。在特殊的情况下，比如对于盲人来说，环境就是以听觉为主、辅以触觉等构成的。

那么，什么是好的听觉环境呢？

至少是没有噪声。

有些声音因其特质而总是不招人喜欢，或者说总是被当成噪声。比如指甲在玻璃上划过发出的尖锐的声音、电钻和电锯的声音，以及车间的机器所发出轰鸣声音等。然而，如果人习惯了一种声音，那么也可以不把它当作噪声。比如，飞机起飞降落的声音或火车行进的声音通常来说都是扰人的噪声，但是住在飞机场或火车站附近的人习惯了之后也可以容忍。如果公路上的汽车发出的声音多而且大，那么这些声音和飞机、火车的声音一样，也属于交通噪声。

有些声音对一般人来说问题不大，但对一些比较敏感的人来说就是噪声。比如，屋子里空调的嗡嗡声、冰箱和排气扇发出的声音等。曾经有人做过一个心理学实验，发现排气扇发出的声音会干扰听讲座的学生，让一些学生感到疲惫、注意力无法集中。此外，嘈杂的人声对于一些人来说也是噪声。

有的声音对有些人来说是动听的声音，而对其他人来说则可能是噪声。比如，公园里有人放音乐跳舞或唱京剧，对于这些人来说当然不是噪声，但是在有的人听来可能就是噪声。一家人热热闹闹地聊天，大家不会觉得是噪声。但如果晚上邻居要睡觉了，邻居就可能把这家人的聊天声视为噪声。

要改善环境，就要尽量消除噪声的来源，或者通过屏蔽来减少噪声。公路边的隔音板可以减少汽车噪声对周围住户的影响；经常发出噪声的建筑可以采用吸音的建筑材料来减少噪声；设计住宅时要考虑房间的隔音效果。此外，还要借助法律法规或民俗和约定来制约发出噪声的行为。比如，规定夜里到了某个时间后就不能发出超过多少分贝的声音。

有些比较神经质的人会对声音过度敏感，常常把一般人可以接受的声音看作不可忍受的噪声。他们试图消除一切被他们视为噪声的声音，却很难实现。比如，他们希望所有人，特别是孩子，不要在他们的住所附近发出声音，不要吵到他们。然而，孩子们白天不可能不在附近玩，也不可能不发出声音，即使很克制，这些对声音敏感的人也受不了，这会给他们自己以及其他人带来不小的烦恼。有时，这种敏感可能是因为心理冲突或心理疾病而引起的，当事人需要进行心理咨询与治疗；有时，这种敏感是因为当事人先天对声音的敏感度高引起的，这时就需要做一些特殊的处理了。

有些声音并没有多么难听，也并不算噪声，但对人的心理影响却是消极的。

比如，杨树叶子在轻风的吹拂下会发出“沙沙”的声音。这不算噪声，因为它不刺耳，声音也不算大，而且也不会打扰人。不过，这种声音环境却是不好的。心理学实验发现，这种“沙沙”声有时会让人产生恐惧。如果人们在平常的生活中总会在无意间听到这个声音，多多少少会让人感到不安。长期处在这种不安的状态中一定会对人们造成消极影响。

“沙沙”声之所以让人恐惧，可能与原始森林中的经验有关：原始人（或者猿人、猿）并没有住在安全的房子中，所以需要时刻保持警惕。当猛兽（如老虎、豹子）试图悄悄靠近的时候不会发出太大的声音，但是它们踩到落叶时就会有轻微的“沙沙”声。于是，原始人就会对这种“沙沙”声产生恐惧，因为这可能意味着危险。如今，人们虽然不会再被老虎、豹子偷袭，但是这种恐惧还在。民间传说住宅附近的杨树会招鬼，大概也是因为人或动物踩在杨树树叶上时会发出“沙沙”声，让人恐惧，并由此幻想鬼的存在。

因此，住宅附近不要种杨树是有道理的，何苦要让这种声音天天吓唬自己。

风吹过某些缝隙时发出的一种类似啸叫的声音，也是让人恐惧的。因为这种声音听起来很像人（或者鬼）尖叫或哭喊的声音，自然会让人产生恐惧。

如果建筑物有缝隙，没有风或者风很小的时候可能并没有声音，但是风大的时候就会出现啸叫声。寒冷的大风天，屋子里的人听见那种啸叫声肯定不舒服。如果是一个人独自在家，而且胆子比较小，就更容易害怕，并且容易感到凄凉，这对心理健康也是不利的。

某些地形中会形成低频声音，甚至是人耳听不到的次声波，这也会对人有影响。因为虽然人听不到，但在潜意识中却会“听到”或感觉到。这种低频声音或次声波会带来一种阴沉的心理感受。有时我们进入山洞后会有这种阴沉感，我怀疑就是因为次声波。另外，水流中的大漩涡也会发出类似的声音，让人感到恐惧，甚至会觉得有鬼，长期处在这种环境中对人的心理健康很不利。

在没有噪声或噪声很小的基础上，我们可以制造一些积极的声音源，改善环境的听觉品质。

自然环境中的一些声音是很美好的。在安静的山中可以听到鸟声，或蟋蟀声、蝉鸣声，这就是自然的积极的声音源。然而，完全安静的环境对于耳朵来说并不美好，甚至会让人感觉有点恐怖。为什么会这样？原因还是要从遥远的原始时代说起。那时，生活在原始丛林中的人（或者猿）如果发现四周一片死寂，连鸟叫的声音都停止了，就会意识到附近一定有可怕的猛兽，所以鸟才不敢叫出声来，这当然是恐怖的。而如果森林很安静，但不是绝对安静，有鸟叫、虫鸣，就说明一切平安，这时人就会感到美好。“蝉噪林逾静，鸟鸣山更幽”就是这个道理。

绝大多数的鸟鸣声都能增加人的幸福感，从心理学角度解释，这是因为鸟鸣的声音频率比较高，但又不刺耳。人快乐的时候，心中似乎有一种声音，这种声音和鸟鸣声的频率差不多。因此，鸟鸣会让我们感觉鸟仿佛是快乐的，我们听到它的声音也会更加快乐。

我做过一个心理学实验，先让一个人唤醒某种情绪，然后让他通过内省去感受，如果将这个情绪转化为一种声音会是什么声音。恐惧转化的声音包括啸叫声、鬼哭声和“沙沙”声等；快乐转化的声音包括鸟鸣声、银铃声、清脆的笑声、溪水流动的声音等。

因此，听到小溪流水的声音，我们会本能地感到快乐。

如果一间住房，比如山间的旅店，能够让住宿者听到溪流的声音，就是很有利的条件，因为这样会让其感到更加快乐。

雨声也是一种很好听的、对人很有益的声音。雨声能让人暂时从现实生活中抽离，回到内心。雨声也能让人从理性的思维状态转到一种更感性的状态。在雨声中，会让更多的情感涌上人们的心头。

雨是水，雨的象征意义和水的象征意义有关，其中最重要的一个就是象征情感。因此，雨声也能激发情感。雨水又象征着泪水，而泪水有时代表悲伤、伤感，有时则代表感动。因此，雨声也可以激发伤感或者感动的情绪。

悲伤和伤感是消极情绪，但是代表悲伤和伤感的雨水或雨声却象征着这些情绪得到宣泄——就像郑怡的《小雨来得正是时候》这首歌的歌词“小雨来得正是时候，代表我流不出的眼泪”。当流不出的眼泪通过雨水“流”出来了，宣泄就实现了，这对心理健康实际上是有益的。

潮水声或者瀑布声也是自然的声音，而且也对人有益。潮水声象征着更深沉和强烈的情绪。大海可以作为人的潜意识的象征，博大且充满了能量，而潮水就是这种力量的体现。因此，海潮的声音是深层的心灵的反映，是内心深处最有力量的情感。“心潮澎湃”形容的就是一种强有力的情感。宗教中更是用“海潮音”来象征最深刻的内心回响。

瀑布声象征着力量和激情。声音不是很大的瀑布声与雨声的效果差不多，能让人超越现实生活，进入内心世界。

生活在城市中是很难听到这些自然的声音的，只有在旅游度假的时候来到山林、原野或者海滨，才可以享受到这些声音。

虽然获得这些听觉上的享受主要靠自然的恩赐，但是建筑中也可以用某些方法来提高人们听到这些声音的概率。

比如，我们可以通过植树来增加鸟的数量，从而更容易听到鸟叫。

再如，园林中可以设计人工的溪流、瀑布等，从而给人们带来听觉的享受。承德避暑山庄有一个景点叫作“风泉清听”，清溪流出，水滴石板，叮咚作响，如鼓瑟弹琴。

避暑山庄还有一个景点叫作“万壑松风”，那里大量种植着松树，专门让人聆听松风的声音。

为了让人们听雨，中国古典园林中会特意种植一种可以放大雨声的植物——芭蕉。芭蕉夜雨，是中国古代文学中的经典意象之一。当然，除了芭蕉，其他植物只要叶子够大，也能起到这种作用。“梧桐更兼细雨，到黄昏，点点滴滴”是用梧桐来听雨；“留得枯荷听雨声”则是用荷叶来听雨。因此，如果希望营造适合听雨的环境，就可以用芭蕉、荷叶或梧桐等大叶子的植物来放大雨声。

除了这些自然的声音，还可以用音乐来改善听觉环境。环境中的背景音乐应尽量柔和轻微，不要太响，否则会让一些人感到被干扰。背景音乐会构成一种基本的情绪氛围。音乐是人工的产物，带着各种不同的情绪。通过背景音乐的选择，我们可以更精确地给环境营造各种不同的情绪氛围。

商场、咖啡厅等场所都可以运用这个方法，甚至在一些工作场所，也可以借助背景音乐营造气氛。

不论是利用自然中的声音，还是利用背景音乐，美好的声音都能大大提高环境的品质，为我们的耳朵构建了美景，也促进了我们心理的健康。**那些宜人的美好声音，是幸福人生中不可或缺的一部分。**

最不想听到的声音

跳舞是件挺好的事，跳广场舞的大妈经过长期练习，大多也还是跳得不错的。然而，为什么广场舞大妈就这么不招人喜欢呢？

你一定也听说过很多因广场舞而产生的纠纷，知道有不少人讨厌广场舞。有人愤怒地抗议，有人和广场舞大妈吵架（虽然基本不可能吵赢），有人想办法搞破坏——从放其他音乐干扰到用气枪威胁，不一而足。

为什么会这样呢？说简单也很简单，因为人们被噪声干扰了；说复杂也复杂，这与民族文化和大妈们的心理发展都有关系。

先说简单的——噪声。

什么是噪声？最简单的定义就是“不想听到的声音”。

对于广场舞大妈来说，伴奏音乐当然不是噪声，如此动听的音乐怎么会是噪声？但是对在附近生活的人来说，如果早晨难得有机会睡个懒觉，却被高分贝的音乐声吵醒，或者晚上本来想安安静静地看一会儿电视，却听到窗外播放着被迫听了千百遍的《小苹果》或《最炫民族风》，那么这不是噪声是什么？同一个声音、同一首歌对于不同的人来说，意义是不同的。

噪声很烦人。

环境心理学家发现，噪声的确对人有害，噪声会降低免疫力，让人更容易生病。噪声还会引起高血压。噪声不仅影响工作，更影响睡眠，而睡眠不足更会带来一系列的问题。受噪声的影响，人不仅易怒，而且还会减少帮助别人的意愿。

在噪声的干扰下，越是需要细心认真的事情就越会受到影响。在强噪声下读书、绣花显然是不可能的，但从汽车上卸货似乎并不受干扰。因此，做“细活”的人最烦噪声。我听说过的一件十分令人痛心的悲剧性事件：有一个人正在复习准备高考，窗外有一群孩子一直吵闹，屡次劝说也不行。结果有一天，这个准考生心烦到失去理智，竟然把其中一个孩子打死了。这种悲剧虽然少见，但是我想，在那些被广场舞大妈打扰到的人之中，可能不少人已经在心里把大妈“杀死”很多次了。

环境心理学研究者认为，**决定噪声有多烦人的因素有三个：音量、可预见性和可控性**。声音越大越烦人，这个好理解。可预见性越差越烦人，因为我们没有心理准备。比如，本来你在安安静静地读书，清茶飘香，岁月静好，突然间，隔壁响起一阵电钻的声音，这种时候谁能不烦，也算是半个神仙了。但如果邻居事先打了招呼，说要装修一会儿，可能会打扰到你，那么你的感觉就可能好一些。可控性越差越烦人。比如，用电钻在墙上打眼的工人并不觉得这个声音有多烦人，因为对于他来说，这个声音是可控的，实在烦的话可以先把电钻关上一会儿。

噪声之所以让人烦，可能最重要的原因就是不可控。眼睛看到了不想看的东西，只要转过头就可以不看，如果还不舒服，还可以闭上眼睛。可是，眼睛上有眼皮可以让眼睛闭上，耳朵上却没有一个可以闭上的“耳皮”。很多时候，即使关上窗户，噪声也小不了多少。堵上耳朵，人会很不舒服。因此，面对噪声的侵扰，人们会有一种失去控制的无力感。

要想控制噪音源——我说的不是音箱，而是广场舞大妈，就得在一定程度上控制她们的行为，让她们调小音量，或者只在特定的时间内跳广场舞，这样我们的感受就会好很多，噪声也会容易忍受很多。

但是，现实问题来了：任何人都是非常不容易被控制的，甚至是不容易被影响的，广场舞大妈更是如此。

说到这里，我们就要说说更复杂的原因了。其实广场舞大妈之所以不招人喜欢，不仅是因为她们带来的噪声，而且还因为她们不好商量。如果有人被打扰而找她们商量，她们的态度经常是“我就要这样，你管不着”。不仅在广场舞这件事上是这样，她们在生活中的其他方面也可能是这个态度。比如，一些大妈在家庭中也经常是一种“我说了算”的态度，所以家中的大爷也拿她没有办法，儿女更是拿她没有办法。

那么，她们为什么会这样呢？有一种可能是，她们这一代人在年轻时经历过不太正常的年代，没有接受过足够的教育。还有一种可能是，这一代女性是第一代或第二代妇女解放的经历者。过去，女性受压抑，现在不受压抑了，就容易走向反面，变得有些自我中心。跳广场舞没有问题，但是如果给别人带来噪声还满不在乎，那就是一种自我中心、对别人不尊重的表现了。

广场舞大妈制造的噪声入侵了附近住户的耳朵，这和家庭中有些做母亲、做婆婆的不懂得尊重儿女的界限，实际是同一件事情。严格地说，广场舞噪声的入侵性，相比而言还算小的。如果婆婆门也不敲、话也不问，就突然闯进儿子和儿媳的房间，这就比噪声的入侵性大多了，烦人的程度也严重多了，只不过碍于脸面和辈分，儿子和儿媳没有办法像和广场舞大妈吵架一样和她吵。

我在想，有一些人格外讨厌广场舞大妈会不会是因为内心意识到了她们和自己母亲、婆婆的共性，从而把对母亲或者婆婆的厌烦借机发泄到了广场舞大妈的身上呢？这也未可知。

如果追溯到更复杂的层面，那可能和整个社会的文化都有关系。中国的社会文化一向对个人权利、人与人之间的界限都比较淡漠。在传统农业社会，人们生活在大家庭中，几乎不存在个人权利、个人隐私和个人空间等。人和人关系越好，就越是亲密无间，同时也就意味着，一个对你好的人，会觉得自己有权去了解你的私事、进入你的私人空间。在这样的文化中生活的人，往往都缺少对别人个人空间的尊重意识。男性一般不跳广场舞，所以很少引起类似的问题，但在其他方面，他们也同样缺少对他人个人空间的尊重。比如，男性管理者经常会利用政策去干预别人的私事。

从这个意义上说，大多数中国人本质上一生都活在一个公共的“广场”上。人们厌烦广场舞大妈，实际上是厌烦了这种生态，把缺少人际界限、没有私人空间的烦恼发泄到了广场舞大妈身上。

因此，说得深一点，广场舞大妈的噪声问题实际上不仅是一个噪声问题，在传统的农业社会，大家庭的生活方式或许可以延续。但是在今天，我们生活在一个由大量陌生人构成的社会环境中，就必须学会如何建立界限、尊重界限，学会尊重他人的私人空间，学会如何在尊重他人的前提下满足自己的需求，学会用沟通、妥协来解决问题。这些不仅是广场舞大妈需要学习的，更是所有人都需要学习的。

烦是没有用的，解决了问题就不用再烦了。

23

气味也能影响人的幸福感

我曾经很怜悯城市里的狗。据说狗的嗅觉比人要灵敏几百倍，在被污染的城市空气中，在城市垃圾的臭气中生活，这些狗是不是非常难受？我不是狗，我并不知道狗的真实感受。其实，也许狗也并没有那么痛苦，人类认为很臭的东西，狗也许并不讨厌。因此，我只不过是以人之心度狗之腹，把自己在城市中生活的嗅觉烦恼通过想象放到了狗的身上。

不过我想，盲人一定比我们更加重视嗅觉的环境。因为一旦眼睛用得比较少，嗅觉用得就比较多了。

气味环境好不好，对人的幸福感很重要，因为与视觉、听觉相比，嗅觉是一种更原始的动物性的感觉，是与情绪联系非常密切的感觉。嗅到一种好闻的气味，我们会很自然地产生积极的情绪；而难闻的气味，也会直接带来厌恶感等消极情绪。如果环境中香气缭绕，人自然而然就会感到幸福；反之，如果环境臭气冲天，那么多么好看的景色都没有用。

在我们的意识记忆中，嗅觉记忆比不上视觉记忆和听觉记忆。我们可以记住别人的长相和名字，但是很难回忆起这个人的气味。然而，在潜意识记忆中（专业术语叫作“内隐记忆”），嗅觉记忆却远远比视觉、听觉的记忆强大。当你嗅到一种气味时，和这种气味有关的过去的情绪、情感就会马上涌现出来。比如，一个从农村来到城市的人嗅到农村特有的那种干草和牛马气息混合的味道，马上就会激发出一种对家乡的亲密感觉；在国外闻到家乡菜熟悉的气味，会让人的幸福感油然而生；再次闻到童年时期某种熟悉的气味，也会让人感觉一下子回到了过去的时光。有位女士过去在某公司工作时，公司规定统一使用某种品牌的香水，现在她只要一闻到这个品牌的香水味，马上就会全身紧张并进入工作状态。可见，嗅觉记忆会带来一种强有力的条件反射，让我们回到与这种气味相关的某种状态和心情中。

尽管由于每个人过去的经历不同，气味对于每个人的意义也不同，但是总的来说，每种气味都有其相对比较稳定的意义。不同的气味对应着不同的情绪，也对应着不同的心理状态和生命状态。

总体而言，香的、好闻的气味对应着身心健康的状态，以及喜悦幸福的情绪；相反，难闻的气味则对应各种不同的身心病态，以及消极情绪。

最难闻的气味是尸体腐烂的恶臭味，比如死老鼠的味道。这种气味对应着身体上的严重疾病（如癌症晚期），或者严重的心理疾病、精神疾病（如精神分裂症或精神病性的抑郁等）。闻到这种气味就会让人产生恶心、厌恶、抑郁、愤怒等多种消极情绪。好在现实生活中像这样恶臭的环境很少，这样的环境完全不适合人类生活。

还有一种臭味是地沟发出的那种腐败的气味或食物腐烂的那种酸腐的泔水气味。这种味道对应着消化不良等身体疾病或者比较严重的心理疾病。闻到这种气味也会让人产生多种消极情绪。现实中，在很脏的环境下生活的人总是会闻到这种气味。如果这种气味长期存在，就会让那些人对生活产生厌倦情绪，以及一种“对付着生活”的消沉态度和一种莫名的烦恼。他们可能会把这种情绪发泄到周围的人身上，从而导致家庭冲突，或因为一点小事就和别人吵闹打架，他们常常抱怨、忧愁或者情绪低沉。清理环境、改善卫生状况可以减少这种气味。只不过，长期生活在这种环境中的人会打不起精神来清理卫生，如果没有外力的督促，他们往往就会继续浑浑噩噩地在肮脏的环境中生活下去。因此，必须借助外界的帮助督促他们打扫、清理环境，还要帮助他们找到并清除长期存在的臭味来源，才能改善他们的居住环境。如果山村里有个很贫穷的家庭，只有一间破旧的土房子，家徒四壁，但是他家里并没有难闻的气味，就说明这家人还没有对生活失望。

化学品通常有一种刺激的、呛人的气味，其中有很多对人的身体是有害的，但在心理上的影响却并不一定很消极。刺激性的、呛人的气味会激起烦躁、焦虑和愤怒等情绪。长期接触化学品的人容易烦躁、易怒。但有些化学品（如少量的汽油）的气味却并不难闻，人们并不会特别厌恶它。这是因为有些化学品并不是大自然中原有的东西，进化过程中的人类并不熟悉它，所以不会本能地察觉到它有害。有的化学品有一种酸味，有的化学品有一种香味。有些低档的空气清新剂或香水就是通过调配这类化学品来制造出香味的。不过，这种香味是不自然的，它的作用是掩盖和削弱消极情绪。汽车尾气和各种化学品的气味飘散到空气中并与空气混合之后，经过阳光的照射产生雾霾，会有一种污浊的气味。这种气味带来的是一种持续的轻微抑郁。

严重发霉的气味，会让人产生以抑郁为主的情绪，有时还会唤醒一点恐惧——因为发霉的房子往往很久没有人住了，容易有危险。不过，轻微的霉味却并不令人消极，有些带一点霉味的传统食物反而会激起愉悦的情绪。

酒店如果通风不好就会有一种不新鲜的味道，住客的脚臭味、汗臭味等气味混合其中。有的酒店会用香精或空气清新剂来掩盖这种味道，原有的臭味和空气清新剂的香味混合后，会让人有一种昏昏沉沉的感觉，不是很清醒，人们只能通过寻找刺激来驱散这种萎靡的感觉。其实，对住客来说，更好的方式是更频繁地清洗，特别是清洗地毯，这样才能有效消除坏气味的来源。此外，还要有更多的通风和更多的阳光。许多酒店的设计很少能使阳光照进来，只能用灯光代替阳光，这样对人的身心健康其实是不利的。

我曾通过心理学实验测量人对悲哀、恐惧、愤怒和焦虑等消极情绪的气味感受。当一个人产生某种消极情绪时，即使现实中并没有气味源，他们也会感觉“闻”到了某种气味，这种感觉会随情绪的不同而不同：悲哀的时候，人感觉到的常常是腐烂的酸味或干燥的灰土味；恐惧的时候，人会感觉到血腥味、臭味、铁锈味；愤怒的时候，人会感觉到烟味或是辛辣味；焦虑的时候，也常感觉到烟的焦煳味。反过来，如果现实环境中有这些气味，也会激发相应的情绪。

清新的空气激发的是喜悦类的积极情绪。大自然中存在的气味通常对心理健康都是有利的，比如青草的气味（割草的时候更明显），雨后湿润空气的气味和泥土的气味，海水的淡淡的腥味，风吹过时带来的淡淡花香，或者树和花草的浓郁香味，这些气味激发的是喜悦、快乐、安心、幸福等感受。当代人可能只有在度假的时候，才能到大自然中享受这些气味。不过，设计居住环境的时候，如果能考虑周全，那么也可以通过园林植物的选择为住户创造更好的气味环境。比如，在保证无污染气味源的基础上种植桂花、丁香等香味植物，可以给住户带来很多的喜悦感。

室内环境相对比较封闭，更方便人们有意识地使用香料，创造一种好的气味环境或气味氛围。香味给人的身心带来的作用以纾解为主。郁结的情绪被纾解后，情绪能量更加通畅，人就会感受愉快、舒适。浓度适宜的香味也可以“醒脑”，使人的头脑更清醒，仿佛智力也有所提升。但太浓的香味就不会有这种作用了。一项心理学研究的结果表明，当人感到快乐的时候，也会有闻到香味的感觉。

香味的纾解作用可以用来辅助心理治疗，对抑郁有一定的缓解作用。香味甚至可以提升人的心理境界。在香气缭绕的氤氲氛围中，人的低级需要会有所减弱，精神性的需求则相对增强，对美好精神的追求会增加。当一个人处在香味所带来的喜悦心境中，也更容易做出利他行为或友好行为，而不大容易出现烦躁、愤怒的情绪和攻击行为。祭祀或其他宗教活动中总是离不开焚香，正是因为香味更容易激发美好的想象和更深刻的宗教体验。

说到气味，不妨说说我做过的一个有趣的心理实验。我发现，当我们静下心来闻一个人的气味时，首先会闻到他实际的体味。清洁的身体气味比较好闻，出汗后会逐渐变酸，有些人还有腋臭等。但过一会儿之后，当我们对实际的体味变得比较不敏感时，我们的脑海中就会浮现出一个气味意象，也就是说在感觉层面并没有真的闻到但是却感觉仿佛闻到了一种气味。气味意象和一个人的身心健康与否关系很密切。身体有病的人会有不好的气味；心理不健康、性格不好的人也会有不好的气味，别人仿佛可以嗅出其不良的性格来。我们说两个人“气味相投”也许就是这个道理，他们互相嗅出对方的味道和自己的一致，这样的两个人的性格就比较相似或者相互协调，也容易成为朋友。

精神病患者的气味意象可能是腐臭味或者恶臭，像腐尸、泔水或者垃圾的味道。有些精神病患者会产生幻嗅，总是能闻到一种现实中并不存在的难闻的恶臭。在我看来，他可能闻到了自己那种病态心理所散发的气味意象。

性心理不健康的人的气味意象是一种骚味。如果只是轻微的性心理不健康，这种骚味并不会太难闻（非常轻微的骚味和香味混在一起反而会加强香味）；如果是比较严重的，骚味就会变成很难闻的骚臭味。

抑郁者有一种沉闷、发酸、发霉并且非常不新鲜的气味。有些通风和采光不好的地下室的气味就比较像抑郁者的气味。反过来，生活在潮湿阴霾的地下室也会加重一个人的抑郁程度。焦虑者有一种呛人的气味。敌意和攻击性强的人、暴躁的人有一种烟火味。

现实中，如果你是一个对气味比较敏感的人，如果你感觉有个人唤醒了你关于以上所说的那些气味意象，让你仿佛感觉到那样的气息，那么最好尽量减少和他的接触，这对你的心情和身心健康都有益。

那么，心理健康、性格好的人会有什么气味意象呢？

健康的幼儿会有一种甜甜的奶味。这种气味可能会相当浓，以至于我们可以真的嗅到，而不仅仅是一个气味意象。我们也许会认为，这是因为孩子吃奶而沾上了奶味，实际上不是，虽然孩子会沾上奶味，但是就算清洗干净，一个健康的孩子闻起来还是有甜甜的奶味，因为他的身体本身就是这种气味。有些成年人非常喜欢这种气味，抱着小孩子的时候会贪婪地使劲闻，越闻越喜欢，小孩也很高兴。这也许是一种很好的互动方式，也是一种爱的表达。不过，如果这个成年人的心理不健康，就会对孩子不利。

大一点的身心健康的孩子，特别是女孩，常有一种像水果一样的甜香味。有些人身上的这种气味会延续到青春期，甚至更大一点的年龄。男孩的气味则更像青草香味，或者嫩树枝折断了之后流出的汁液的气味。

到了青春期之后，女孩子的气味逐渐转为花香。性格不同的女孩会散发出不同的香味。气味像玫瑰花的女孩，一般性格比较外向、热烈；气味比较像茉莉、丁香一类花的女孩，相对更温和、内向一些；气味像菊花或者其他有点苦味的花香的女孩，性格收敛，但比较有内涵；气味像兰花的女孩，有古典气质。成年之后，这些气味依然存在，但气味的浓淡清浊发生了变化：一般规律是逐渐变浓、变浊，到了中年后会逐渐变淡。

青春期的男孩的气味逐渐向树木味转化，并且一直持续到成年。有的人是松树或者松脂的气味，有的人是中药的气味，有的人是烟草或者巧克力的气味，有的人是干草的气味，有的人是烤红薯的气味，还有的人是海风、土地的气味。相对女孩来说，男孩的气味总体上更“干”。成年后，身心健康的男性会保持自己原来的气味，只是会更浓一些，到中年后，气味也会逐渐变淡。

然而，不论男女，中年以后依旧保持身心都很健康的人比较少，所以一般来说，中年以后的气味会逐渐变得差一些。身心健康的老人，气味是好闻的，但是不论男女，都不会是花香。身心不健康的老人会有不好闻的气味。当他们身心状态恶化的时候，气味会突然变得难闻，所以敏感的小孩子会避开这些老人。

了解性格和气味的关系对环境的改善十分有用。性格和气味的关系是相互的，有某种性格，就会带来某种气味意象；反过来，环境中有某种气味，也会引导人的性格向相应的方向一点点地转变。性格转变得更好，人可能就会有更好的命运和生活。当然，影响性格的因素有很多，气味只是其中之一，所以气味的作用不是决定性的。比如，慈禧有一个爱好，就是闻水果的香味，她令人把大量的水果放在她的房间里，不是为了吃，而是为了闻气味。这种做法实际上是为了“返老还童”，也就是让自己拥有少女般的心理感觉和身体感觉。估计她的做法起到了一定的效果。

成年女性通过使用不同的香水来让自己身上带有某种花香，也可以让自己的性格在不知不觉中向某个方向转变。很多女性都清楚地体会到，使用不同香水的时候，自己的心情不一样，自我感觉不一样，行为倾向也不一样。使用不同的香水对性格的影响也不一样。

有人喜欢用香水，也有人喜欢焚香。檀香的气味能够让人心绪平静。因此，在静坐、静心训练或者念佛的时候，焚烧檀香会非常有益。一个人经常沉浸在檀香气味中，其性格也会逐渐变得宁静、平和。

重视心灵之美的屈原非常喜欢佩戴香草，最喜欢的是幽兰，幽兰的气味非常适合他清高的性格。

历史上，宋朝人非常重视香。室内有焚香，衣服上有熏香，口中有含香，几案上有花香，甚至连鞋底都有装香粉的装置，每走一步都有香气。我们从这里可以看出，那个时代的人们生活是多么幸福。

总之，**美好的人、美好的人生、美好的情感和清新馨香的气味是紧密相连的**。气味环境不能不加以重视。

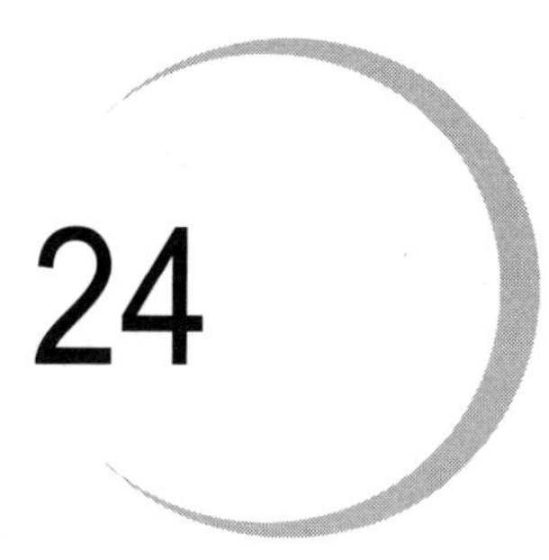

24

没有书架的家出不了“状元”

我有个朋友，在孩子考大学这件事上可以说是“极度狂热”。他说，假设他遭遇车祸，在生命垂危时，听到孩子考上北大、清华的消息，那么就算他死了都会含笑九泉。遗憾的是，他的孩子学习成绩一直不是很好。

一次偶然的机会，我去他家里做客，发现一件有趣的事情：他家里没有书柜，连一个书架都没有。孩子的房间中，桌子上当然堆了不少复习资料，但是也没有书架。而且，除了教科书和复习资料外，我看到的印刷品只有几张报纸和一本不知道哪一年的旧杂志。

我对他说：“你家里连个书架都没有，还指望孩子考上北大、清华？”

他问我：“风水中有这种说法吗？我怎么没有听说过。”

的确，我也没有听说过这种说法，但是从环境心理学的角度看，家里没有书架对于读书人来说的确是非常坏的“风水”。

对名校的狂热心理常常是不健康的，这种不健康的心理有多种深层的原因，但是父母的出发点是好的，那就是希望子女能学得更好，掌握更多知识，将来有更光明的未来。

但是，如果父母自己都不渴望知识、对学习没有任何兴趣，也没有对文化的信仰，他们对子女的期望往往就会落空。虽然他们之中有些人为了逼孩子学习，可以每天花费几个小时贴身看管催促；有些人可以威逼利诱，用尽各种办法；有些人宁愿自己吃苦受累，也要为孩子创造良好的学习条件……但还是常常没有用。

因为，如果他们自己并不热爱学习，也不渴望获取知识，只不过是希望孩子通过考上一所好大学来咸鱼翻身或鲤鱼跳龙门，那么他们的子女也会受他们的影响，觉得学习是一件很没有意思的苦差事。而当一个人觉得某件事情完全没有意思，只不过是出于功利的目的必须要去做的时候，他就很难把这件事情做好。人的内心只愿意做自己喜欢做的事情，对于不喜欢的事情就会动用强有力的本能力量去拒绝。当孩子觉得学习是件苦差事时，他对待学习的态度自然是敷衍应付，当然不会取得好成绩。

就算真的有“文曲星”，可以赐予凡人才华，他也只会把才华赐给那些真正爱他的人，而不会把才华赐给那些借助他的力量投机、把他当作敲门砖的人。

父母对知识和文化缺少热爱会如何影响他们的子女呢？当然主要是通过他们的一言一行，还有一个重要的表现和影响的媒介，那就是环境。

家里没有书架，就说明在父母心中觉得书或者说知识是没有用的。如果把住房看作人生，那么没有书架就象征着知识在他们的人生中是没有位置的。没有书架，孩子的潜意识就会觉得，读书是没有意义的事情。因此，学习就几乎不可能会好。

我说“几乎不可能”意味着可能会存在极个别的情况，但那需要一个人有极强的自制力和忍耐力。如果一个学生非常厌恶读书，但还是拿出拼死的劲头去读，并且考上了好大学，这也不是没有可能的——只不过，这个人的后半生只怕会对读书深恶痛绝。对于大多数人来说，不喜欢，学习就不会好。就算做不到完全喜欢，总得多少有些喜欢的地方，才有可能学好。

家里有书架，书架上有书，就象征着在父母的心目中，知识是有价值的，是美好的，是必须追求的，子女就会对知识有起码的尊重和爱，这是他们热爱学习的基础。

为什么一定得是书架呢？

书桌难道不行吗？

是的，仅有书桌是不行的。

因为桌子在象征意义上代表的是“我现在要处理事情”，桌上的东西代表的是“等待被处理的事情”。办公室文员的桌子上放的东西，是他当天要处理的工作。老板需要处理的事情更多，所以需要一张更大的桌子。但桌子上放的东西都是短期待处理时放在那里的。处理完，这些东西就会被拿走，而不会永久地放在桌子上。如果学生只有书桌，就象征着学习对于他来说是当下需要做的事情，达到某个目标后就完全没有用处了。当然，这的确是很多学生的态度——学习是为了应付考试，考完之后就可以把那些东西忘掉了。

而即使站在功利的角度看，这种“书桌态度”也会导致失败。因为有这种心态的学生在一学期考试结束之后，他的潜意识就会本能地“清理干净”心中那个象征性的“书桌”，于是，考试前费力背诵的内容在考试后不久就会被遗忘。在面临高考的时候，之前学习的知识早已忘记了，只好再一次重新背诵——这使得工作量大大增加，效果当然也会比较差。

简单地说，**如果家里只有书桌，那么学生只能在脑海中保留“一桌子”知识；而如果有书架，那么学生可以在脑海中保留“一书架”知识。**

书架上必须放书吗？放报纸杂志不行吗？放什么书更好？

书是知识的象征。在家里的书架放上书，象征着对知识的尊重。父母如果能读读这些书就更好了；如果不能，也要把它们整齐地摆在书架上，传达一种尊重知识的态度。

只放报纸杂志是不行的，因为报纸和杂志刊登的大多是新闻以及那些暂时有用但会过时的知识，而不是需要永久保存的知识。

放什么书更好呢？当然不要放那些低俗的地摊文学、色情小说或其他价值很低的书。即使父母喜欢这些书，也不要把它们放在家中公共的书架上，可以放在私密的地方。书架从象征意义上说，好比一个祭坛，必须把好的书当作祭品一样放在上面。如果父母觉得哲学类的书太深奥，那么至少可以放一些文学名著、历史故事或者文化类雅俗共赏的读物等。比如易中天、张鸣等人写的历史故事，或者佛教大师讲生活哲理的书，抑或中医通俗读物等。作为一名心理学家，我个人认为心理学的通俗著作，比如你现在看的这本书，也是可以放在书架上的。书架上还可以放和学生所学课程有关的、补充课程内容的课外读物，比如唐诗宋词的小集子等，或科学家的故事、传记等。课本和参考资料等也可以在书架中占据一定的空间，但绝不能是书架的大部分，更不能是全部。如果书架放满了课本和课外参考资料、模拟试卷等，那么这个书架本身就会令学生感到压力，而不会让他感到好奇和有趣。这样的书架不但没有积极的作用，反而会带来消极的影响。书架上的书应该能让孩子看了之后多多少少产生一些兴趣，可以稍微有一定难度，但是不要太难。

还有一个问题是，电脑可以下载很多图书，有电脑不就够了，为什么还需要书架？

原因是，电脑呈现出来的不是一本书。虽然它可以下载非常多的书，但是下载的书不会一直出现在显示屏上。显示屏实际上也是一个桌面，所以它的意象和桌面一样，象征的是我们当下需要处理的事情，而不是我们要长久保留的知识。电脑的知识保留在硬盘中，有时甚至不是自己家电脑的硬盘中，而是中央处理器的硬盘中。当我们看到一个硬盘时，直观上并不会感觉看到了人类文明积累的那些知识。而书是直观的，书的封面和书脊上都有书名，电脑硬盘上却没有所存储的那些书的名字。因此，电脑起不到书架所起的作用。

虽然电脑可以存储很多本书，却很少有人会用电脑阅读大部头的文学名著或哲学著作。因为电脑更适合用来看更轻松、直观的内容，比如视频、图片，还可以听音频，即使用来阅读，人们也更习惯于在电脑上阅读那些更简短的文字。因此，电脑和书架给我们带来的感觉是完全不同的。

有人也许会怀疑说，没有书架未必就不能成就“状元”。的确，许多古代名人，比如范仲淹，家里穷得饭都吃不饱，几乎没有买书的钱，更不可能有个书架，他不也成为一位非同凡响的读书人？但如果范仲淹稍微有一些钱，那么你认为他会用钱来买书还是买新衣服？如果他的钱够买书架，那么你认为他会不买吗？像他那样虽然买不起书架但心中充满了对知识的渴望的人，心中其实有一个无形的书架——家里没有书架并没有关系，心里有就行了。如果有个学子，家里穷到实在买不起书架，甚至也没有办法自己做一个简陋的书架，或者连书都买不起，那就需要他具备超越常人的志向和毅力，才能成就自己的学习志愿。好在现在的人很少会穷到那个地步，因此，如果一个人有能力买书架，但是觉得书架没有什么用处而选择买其他东西，那么这个选择就体现出这个人对知识缺少热爱。这样的家庭、这样的人要想进入知识的殿堂，只怕不大容易。

说来说去，还是要有个书架。

25

贼喜欢什么样的环境

不同生物喜欢的生存环境不同，消灭一种生物最有效的方法并非杀死它们，而是毁灭它们赖以生存的环境。

比如灭蟑螂，更有效的方法可能是改造环境。比如，将你的家打扫干净，清理容易让蟑螂寄居的杂物，然后再放一些驱赶蟑螂的药，蟑螂就会少很多。清理屋外的垃圾堆，苍蝇就会少很多。把积水处理掉，蚊子就会少很多。我们只要知道蟑螂、苍蝇、蚊子喜欢的环境是什么样子，然后把环境改造成它们不喜欢的样子就好了。

对待罪犯，也是同样的道理。

抓罪犯是警察的工作。如果一个环境非常适合犯罪，就很容易出现新的罪犯。

那么，罪犯喜欢什么样的环境呢？

古话说：月黑杀人夜，风高放火天。

古代放火，风大的时候效果更好。现代科技发达了，有了汽油这类助燃剂，风大不大对于放火的效果影响不是太大。

古代杀人，夜晚看不见月亮的时候不容易被别人发现。现代科技发达了，有了大量的电灯等照明设备，所以有没有月亮对于犯罪来说关系也不大了——不过，光线亮不亮与犯罪的关系依旧是比较大的。

环境心理学研究证实，**光线明亮的地方的犯罪率比较低，而光线暗的地方犯罪率比较高**。这里所说的“犯罪”既包括伤人、抢劫，也包括偷窃和性犯罪。

为什么光线亮的地方犯罪率低呢？这其中既有现实原因，又有心理原因。现实原因是，光线好的地方容易被看到，所以试图犯罪的人会有所顾忌。心理原因是，从象征意义上说，黑暗象征着邪恶，而光明象征着正义。当有人试图犯罪的时候，他的潜意识知道自己在做邪恶的事情，周围的光线越暗，他就越感到此时此地适合做这件事情，充满自信；相反，如果光线明亮，他的潜意识就会觉得此时此地不适合做这些。此外，在潜意识中，一个罪犯的自我心理意象（即内心中的自我形象）往往是老鼠、毒蛇、吸血蝙蝠、鬼、怪物或恶魔。这些东西都比较喜欢在黑暗中行动。因此，光线越暗，他们内心对这些东西的认同感就越强，也就越容易犯罪。比如“老鼠”喜欢偷，“毒蛇”喜欢抢劫和强奸等。

还有，光线黑暗的时候，不仅别人不容易看到自己，人在潜意识中也觉得自己看不到自己，因此其内心残留的良知就很难阻止其犯罪。而在“青天白日，朗朗乾坤”的时候，人的良知就比较容易出场，因此不太容易犯罪。

黑暗使得罪犯看不清受害人的表情，这也会削弱他们的同情心，因而更容易犯罪。如果能清清楚楚地看到受害人的痛苦表情，那么有些罪犯还是会感到难过的。

因此，从环境设置上看，如果能保证充足的照明，犯罪可能就会减少。例如，住宅楼内最好不要有没有光线的死角。即使是为了省电而不能灯火通明，也要安装声控灯。灯坏了要及时修理，如果本来有灯，但坏了不修理，对罪犯来说就会起到一种鼓励作用。

在象征意义上，摄像头就是人的眼睛。犯罪是怕被人看见的，因此在有摄像头的地方，犯罪率会下降。和光线一样，如果没有摄像头，人就会觉得就连自己也看不到自己在做不道德的事情，良知就很难起作用。因此，从破案的需要来说，也许隐蔽的摄像头更好；但是从阻止犯罪的角度来说，能被人容易看到的摄像头更好。

环境的视野开阔与否也会影响犯罪率。视野开阔的地方，犯罪活动就会比较少；相反，在不容易被人看到的死角，犯罪活动就会比较多。因此，建筑设计应尽量避免出现死角。

环境中还有一些象征物也会影响犯罪率，比如阻止进入的象征物，或私有的象征物。栏杆、锁、铁丝网等都是阻止进入的象征物。立在公园中的某些区域的牌子上写着“游人止步”，也是阻止进入的象征物。虽然它们未必总是能够阻挡人进入，但是总可以让人知道，这个地方是不能随便进入的。这些阻止进入的象征物也可能是私有的象征物，因为有权阻止他人入内的一定是这个地方的主人。

阻止进入的象征物对于犯罪者的影响是两面性的。一方面，有些比较理性的罪犯会因为这些象征物的存在而减少犯罪，因为他们会觉得这些阻止进入的象征物代表这个地方的主人保护自己的意识更强，所以实施盗窃或其他犯罪都会更有难度；另一方面，有些罪犯会把这看作一种挑战，因此会感到更加刺激，从而提高了犯罪的概率。此外，当罪犯看到这里有更多的保护时，会认为里面有更值得被偷窃的物品，从而增强了犯罪的欲望。

私有标志或私有财产的象征也会影响犯罪率。

私有标志就是告诉别人，这是“有主人的”，一般来说会减少侵犯。小到在杯子上写上名字，大到在别墅上写上屋主的姓氏，都可以起到这种作用。同样，对于那些追求挑战性、追求刺激的罪犯，这些标志反而可能提高犯罪率。好在一般来说，追求刺激的罪犯相对比较少，所以总体而言，这些标志还是利大于弊的。

主人在场的象征、主人强有力的标志往往能减少犯罪。反过来也一样。因此，不要把自己长期不在家的信息暴露出来——如果你真的出国了，并且你在网上晒了自己出国的照片，就等于告诉别人你不在家。那些知道你家在哪里的小偷就知道现在是下手的好时候。如果你家里的窗台上挂着警服或者军装，就能减少贼到你家冒险的概率。如果你没有警服或者军装，挂上一副拳击手套也是有用的。单身女性在家门口放几双男性的鞋子也可以让试图入侵者有所顾忌。

就算不善于“伪装”环境，至少不能让人觉得有机可乘，比如不能把财物放在明显不安全的地方；青少年不要离开成年人的保护；年轻女性不要轻易进入不安全的环境（如荒野以及城市中不安全的区域），也不要在深夜独自出门。

居住环境要有利于保护个人的隐私，比如家里的情况不能让外面的人轻易就看得很清楚。当潜在的贼对这个环境的情况比较不了解的时候，就不大会轻易侵入。

总之，如果环境设计得非常“不宜犯罪”，那么我们就会高兴地发现，这个世界还是挺太平的。

26

做生意的环境要有“生意”

商业环境中要有一些象征财富的要素才能助力生意人获得成功。当然，其他环境中也可以有这些要素，只不过这些要素在商业环境中是不可或缺的。

在中国传统文化中，有些事物常常和财富相联系。比如水被看作财富的象征，因此环境中的水是什么样子往往影响着财富的多少。另外，鱼也被看作财富的象征，因此鱼缸或者鱼池也常常是财富环境设计中的要点。还有一些意象和财富有关，比如貔貅、金蟾、铜钱、元宝、招财进宝四个字构成的合体字，以及财神爷的画像、财神爷手中的吐宝金鼠等。

为什么这些事物能“招财”呢？

从心理学角度分析，对财富的需要是人类的一种非常基本的需要。远在金钱出现之前，人类就有了这种需要。**人类对财富的需要，其实就是一种**

对生存资源的需要。有了丰富的生存资源，人就无须担心饥寒，可以保证自己能够生存下去。爱财富是人类最基本的本能，也是生存本能最基本的体现。在人类制造出金钱之后，这种本能就开始依托金钱而存在。

既然对财富的需要来源于对生存的需要，那么和财富有关的象征性的意象就和“生存”这个主题息息相关。简单地说，如果一个意象让我们感受到一种“生机”或者让我们感受到“生意盎然”，那么这个意象就可以“招财”。中国人把商业活动称为“做生意”也就是这个意思，可见商业的关键是“生意盎然”。环境中有了这种活泼的“生意”，这个环境才会有生意。

水是有生意的。因为有水的环境就有生命存在；有水的环境，人也能够活下去。几十万年来，水和生命之间的联系已经深深地印刻在人类的潜意识之中。因此，商业环境中有水是很有必要的。门前有水（如河流或清澈的湖水）是最好的，而且门前的水流最好曲折而舒缓，因为这样的水流更适合鱼虾的生存。急流或者死水都不适合鱼虾生存，所以那样的水就缺少“生意”。现代人并不需要像古人那样，在门前的小河中捞鱼吃；但是看到水，心中还是会像古人一样产生一种对保有财富和资源的信心，而这种心态有利于他们获取财富。

古代南方的许多房屋设计能够让雨水集中流到院子中间的凹地中，象征着“财不外流”，同时也体现了“水能聚财”。

枝繁叶茂或果实累累的植物，也可以带来丰饶感和生机勃勃、生意盎然的感觉，因此也是“招财”的意象。有种植物被人们命名为“发财树”，于是人们纷纷种植它。这当然有用，不过并不限于这种植物，只要是繁茂而生命力强的植物，或多或少都有同样的作用。生长迅速的植物比生长缓慢的植物更加招财。如果种一棵柏树，那么招财的作用似乎就相对小一些。

能用来象征财富的动物，其最重要的特点是繁殖力强。繁殖力越强，“生意”就越强，就越适合象征财富。环境中的这些动物，可以增加人们对获得财富的信心。鱼之所以象征财富，其中一个原因就是鱼的繁殖力强。一条鱼一次可以产出千万个鱼卵，象征着一本万利。金蟾也是一样，一只蟾蜍一次可以产出成百上千的卵。吐宝的之所以是金鼠，也是因为鼠有很强的繁殖力。当然，有些动物繁殖力很强（如蟑螂），但是人们不喜欢它，也就不把它作为财富的象征。繁殖力象征的就是“生产力”，因此商业环境中的这些动物象征着人们要用生产的方式来发财。

貔貅并不是真实存在的动物，而是一种传说中的动物。这种动物的特点是只吃不排泄，而且是大嘴吃八方。大嘴吃八方是聚敛财富的象征，只吃不排泄是财富不会流失的象征。因此，用貔貅作为财富象征，其心理意义和聚敛有关。人们之所以用貔貅来作为财富的象征，不是因为看上了它的“生产力”，而是想通过把各处的财富聚集在一起的方式来发财。比如，银行就可以用貔貅作为财富的象征。

如今还有一种常见的财富象征物，就是所谓的“招财猫”。它的形象是一只猫，用电力带动前爪做前后招手的动作，象征着把钱招进来，也就是通过引诱的方式让别处的钱来到自己这里。招财猫的招手动作就像是一种催眠，仿佛是对街上的人说：“来呀，来我这里。”人来了，也就带来了钱。所以招财猫适合摆在店铺，而不是工厂或者其他环境。之所以借用猫的形象，是因为猫有诱惑力，但又不像狐狸那么讨人厌，所以比较容易让人接受而少一些反感。

至于用元宝和铜钱来代表财富，就不需要太多解释了。人们供财神以求获得更多财富，也是理所当然的。从科学的角度看，供财神就能发财当然是一种不切实际的幻想。不过，从心理学角度来说，供财神实际上是一种表达心愿的方式。心愿表达得越明确，自己的行为也就越容易走向心愿所指引的方向。因此，供财神也是有心理激励效果的。这就和一个人在墙上挂上“奋斗”二字增加干劲是一样的道理。比起在纸上写“我要致富”，财神更形象化，所以对人的心理影响也更大一些。供财神的时候，必须怀着一种喜悦的心情来供。一个人喜悦了才会更有活力，有活力就更有生机，有生机就会有“生意”，从而就能在心理上和财富相互感应；相反，如果总是苦恼、烦闷、萎靡不振，就不会有“生意”，也就不会有招财的效果。

南开大学的第一任校长张伯苓先生曾告诉他的学生，不论多么困苦的时候，都不要有萎靡之外表。他自己的确如此，任何时候都衣冠楚楚、相貌堂堂、精神抖擞。因为当一个人外表萎靡不振的时候，不仅别人会对其失去信心，他自己也会真的颓废下去。

最关键的一点就是，**环境中要有一种勃勃的生机，一种欣欣向荣的生的气息，这就是所谓的“生意”**。要有“生意”，而不能有枯寒、孤寂和荒凉的气息。生机勃勃的环境塑造生意盎然的心态，而生意盎然的心态使得人充满了生命的活力和繁荣昌盛的气息。在这样的气息影响下，交易活动也就很有活力、很有成效。难道这样我们还能发不了财吗？

27

什么样的环境能疗愈情绪

景和情从来都是相关的。王国维在《人间词话》中说："昔人论诗词，有景语、情语之别，不知一切景语皆情语也。"没有人的山河大树、草木花鸟，并不是纯粹的"自然环境"，所有的环境都是人眼中的环境，是因为有人才有的环境。人不能无情，人看任何事物的时候都是带着自己的情绪、情感去看的，因此环境必定会染上人的情感色彩。反之，环境也会被人解读为一种情绪的象征，会感染人并且强化人的某些情绪情感。

当人的心中有情绪的时候，这些情绪在内心是以什么形态存在的呢？常常是以一种景象的方式出现的，而这种景象大多取材于外在的景象。也就是说，情绪本身是无形无象的，但是如果要表达出来，就需要一个形象，因此人们会借用外在事物的形象来表达内在的情绪。"自在飞花轻似梦，无边丝雨细如愁"，既然轻盈的飞花和美梦类似，那么我们当然可以用飞花来反映梦；既然丝雨给我们带来的感觉和愁绪所带来的感觉很相似，那么我们要表达愁绪的时候，不妨借用丝雨的形象。

在意象对话心理咨询中，咨询师可以诱导来访者进行想象，他们的种种情绪可以在想象中通过景象来呈现。如果一个人感到快乐，心中就会想象到大海、泉水、树林、奔跑的孩子、小动物等；如果感到愤怒，就会想象到爆发的火山、闪电或者波涛汹涌的江河等。每一种情绪都可以用景象来表达，而且这种表达可以非常精确。比如，愤怒的程度可以通过火焰的大小来显示，而愤怒中掺杂的其他情绪都可以在这个想象的景象中用某个形象表达出来。如果愤怒中带有悲哀，那么想象中的火就会在湿的东西旁边燃烧，冒出蒸汽来。而且有意思的是，所有这些意象中的景象变化的规律，与情绪的变化规律是一致的。比如，在内心的景象中，湿木头烧干了之后就停止冒蒸汽，而火会烧得更旺。同样，愤怒而又悲哀的人，悲哀会渐渐被愤怒所"蒸发"，然后转为更大的愤怒。

既然情绪在人的心中是以景象的形态表达的，那么外在的景象也会被看作情绪。古人看到流水洋洋，就会感觉这是神仙们在享乐；看到雷电、火山，就会感到这是天神们在发怒。现代人虽然理智上不会再这样去想，但是看到流水洋洋，也会产生快乐如神仙的感觉；看到雷电、火山，或许自己也会感到内心力量勃发。"登泰山而小天下"，虽然是泰山高而不是人高，但是一旦登顶泰山，豪迈、骄傲之情还是会涌上心头。

有些人心理不健康，有很多消极的情绪，在他们的内心世界中，他们生活在景观很恶劣的环境中。如果我们给他们一个很好的外在环境，那么内心世界对他们的影响就会抵消。天长日久，外在环境会被他们一点点内化，于是他们的内心世界也会随之变好。

因此，**好的环境就如同一名心理咨询师可以对人产生一定的心理疗愈作用，改善人的情绪，有利于心理健康。**

抑郁的疗愈环境

抑郁是最伤人的情绪之一。轻度的抑郁会让人的生活没有趣味、黯淡无光；中度的抑郁会让人的生活痛苦无奈、悲伤烦恼；更严重的抑郁带来的则是无穷无尽的痛苦。伴随着抑郁的情绪，人们会吃不好，或是没有食欲，或是吃得过多；还会睡不好，漫漫长夜辗转难眠；既失去了男欢女爱的幸福，工作也感到非常吃力，人际关系必定会受到影响。如果抑郁程度达到了心理疾病的水平，就需要接受治疗了，但是治疗抑郁非常不容易，因为药物固然能起到一时的帮助，但是如果心态不变，就不能除根。古代人喝杜康，现代人吃百忧解，都不过只是暂时忘记烦恼而已。心理咨询的效果会更好，但是心理咨询师人数有限，未必人人都能随时找到。而利用环境进行调节，可以说是一个安全有效的方法。这种方法虽然未必能有奇效，甚至也许只能缓解而不能完全治愈，但毕竟算得上一个很有帮助的心理疗愈方法。

抑郁的人内心中会出现什么样的景象呢？

在意象对话心理咨询中，心理咨询师会引导抑郁的来访者以某种方式呈现内心的画面。我们发现，**和抑郁有关的画面最常见的特点是荒凉、枯萎、干涸、死寂等**。比如，抑郁者的想象中会出现完全没有草木的灰色土地，有时地上仅有一些干枯的杂草，或者几棵已经枯死的树，干枯的树枝像乞丐瘦小的手臂一样张开。有的抑郁者的想象中是干涸的湖底，或是干旱年景的田地，地上裂开干裂的口子，枯死的草边有一些蜘蛛、蜈蚣之类的虫子。

抑郁者心中还会出现一些可怕的形象，比如枯骨或者骷髅，以及皮包骨头的瘦弱的人。还有可能是幽灵之类的鬼，飘飘忽忽地游走在荒凉的天地之间。

在抑郁者内心的画面中，天空中没有太阳和月亮，甚至连星星也很稀少。空气是灰蒙蒙的，没有清风。四周常常听不到什么声音，一片死寂。偶尔有声音，也只是落叶的“沙沙”声、枭或鸦的叫声，还有叹息声等。

还有一些抑郁者心中的画面是湿润的：淫雨霏霏的天气，灰色的云层，迷蒙的看不清的太阳，地面是泥泞的，脚下是沼泽或是被雨水泡得稀软的土地，用脚一踩，草甸就陷下去并且往外冒水。长发白衣女鬼幽幽地飘过，让人的身上一阵发冷。

这样的抑郁者，如果生活在稍微有一点荒凉的环境中，或者阴冷潮湿的环境中，就会把自己内心的这幅画面自动投向外界，与外界的景象结合。如果他们看到的外界环境又恰好是这个样子，他们的抑郁就变得更加强有力而不可遏制了。

要想疗愈抑郁，就要找一个与此不同的环境，让抑郁者长期生活在疗愈性的环境中。时间久了，环境的意象会逐渐进入他们的内心，他们心里会产生新的环境所带来的更积极的意象。新的意象象征着更积极的情绪，这种积极情绪会逐渐感染他们，他们的心理状态会逐渐得到改善。

针对抑郁者心中的干枯景象，**疗愈性环境应该是水草丰美的**。也就是说，要有树、有草、有足够多的植被，最好不要有枯死的树木或是其他死亡的动植物。《红楼梦》中说，林黛玉的病“若要好时，除非从此以后总不许见哭声”。这说法颇有道理，因为林黛玉的抑郁是先天的，而且是最本质性的抑郁，所以必须有这样一个“总不许见哭声”的环境，才有可能疗愈——当然这个世界上没有这样的地方，所以她即使到了大观园也没能痊愈。释迦牟尼佛的父亲希望他一生都不要见到生老病死，但也没有这种可能。这和林黛玉的情况有些相似。但一般的抑郁者，如果想找一个相对比较好的环境，见不到与死亡有关的意象，也不是完全做不到。

西北有些地方，空气干燥，降水量少，地表植被少，戈壁、沙漠地区多，那些地方就不利于抑郁者疗养。居住在这里的比较容易抑郁的人不妨迁居到其他地方。

江南以及四川是中国最美而且富足的地区，但是也未必适合抑郁者生活，因为雨水多、潮湿，会被抑郁者感受为那种淫雨霏霏的抑郁环境。每到梅雨季，经常一连许多天看不到太阳，这对抑郁者的疗愈也是非常不利的。

降雨最好不要那么频繁，而且不能是连绵不断的雨，雨过就能天晴，能经常看到太阳，才是适合抑郁者的环境。

心理学研究发现，阳光多少是决定抑郁与否的重要因素。阳光少人就容易抑郁，阳光多抑郁就会得到缓解。外界有阳光，就比较容易“心中有阳光”。因此，**对抑郁有疗愈作用的环境，应该是阳光充沛的地方**。不过在实际操作中，我发现抑郁者并不喜欢阳光。如果阳光太强，他们就会想办法避开阳光，比如他们会选择晚上出门，白天在家里时则用厚窗帘遮蔽光线。这是因为他们试图让外界的景象和内心保持一致。我们并不需要催促他们改变这个习惯，因为随着时间推移，他们会慢慢地变化，会更习惯阳光，心态也会随之变得阳光起来。

抑郁者的心胸都不够开阔，这种心理上的“心胸狭窄”会在身体上有所反映：他们往往会习惯性地两臂往里夹，这使得他们的胸部向内收紧，从而让心胸真的变得狭窄。这样一来，他们就会产生一种呼吸不畅快的感觉，一种有点憋气的感觉，而这种呼吸的不畅会加重抑郁的情绪。因此，疗愈抑郁的环境最好有开阔的视野。当视野开阔的时候，人就会本能地舒展自己的身体，双臂会不自觉地向外张开，胸部会更加舒展，呼吸也会更加顺畅，这就使得情绪变得更好一些。我们不妨回忆一下，当你从城市来到一望无际的绿色草原，你下车后的第一个动作是什么？一般来说都是双手张开，深深地吸一口气。这就是人从狭窄的环境来到开阔的环境后产生的自然反应。而当你双手张开、深深吸气的时候，你的心情如何？你会感到自由、快乐。

因此，草原、大海、山顶等都是疗愈抑郁的好地方。在草原上生活的蒙古族人就很少有抑郁，这不仅是民族性格的差异，也是环境影响的结果。汉族学生到了大草原生活，心胸也会变得更加开阔，也能减少抑郁情绪。

如果环境中有花果，那么这也能对抑郁者起到很好的疗愈作用，因为抑郁者的心理世界中有一种缺乏营养的感觉。花果可以补充内心的营养，使人们一看到它们就会产生得到滋养的感受。环境也是一种精神营养品，在有营养的环境中，身心状态会变得更好一点。《西游记》里说，孙悟空是从“石头缝里面蹦出来的”，从象征意义上说，就是指他从小缺少母爱，但他找到了一座花果山，这就使得他的内心得到了一定的疗愈。

必须补充的是，一个地方的环境好坏，除了自然条件的影响，还有一个非常重要的影响因素，那就是生活在那个地方的人，或者说那里的“原住民”。如果我们在一个地方接触到了很多生活得开心快乐幸福、待人热情又友善的人，那这个地方就是疗愈抑郁的最好环境。

焦虑的疗愈环境

焦虑是最常见的消极情绪之一。在当今这样一个时代，绝大多数人都有各种不同原因的焦虑：学生因考试而焦虑；青年为前途而焦虑；工作后为了赚钱焦虑；成家后为了养家焦虑；年老后为了健康焦虑。最不幸的，是有些人自己都不知道为什么而焦虑，却感觉焦虑无时无刻不在。

焦虑不仅影响了我们的工作效率，降低了我们的生活品质，还会对我们的身体健康带来不利的影响。因此，找到一个对焦虑有疗愈性的环境非常重要。

如果我们不求甚解地看，也许会觉得疗愈焦虑的环境和疗愈抑郁的环境并没有多大的区别。对抑郁有疗愈作用的草原、大海同样也对焦虑有缓解作用。每年，全世界到海滨度假的人中，为了缓解焦虑而来的，远多于为了缓解抑郁而来的。

不过，如果细致区分，疗愈焦虑所需要的环境和疗愈抑郁所需要的环境还是有些不同的特点。

先看看焦虑者的心理景象是什么样子的。

焦虑不同于抑郁，抑郁是灰暗、死寂；而焦虑是混乱、危险和焦躁。焦虑者在自己内心看到的可能是这样的画面：商场中起火了，顾客们在里面到处乱跑；热锅上的蚂蚁或者其他昆虫到处乱爬，试图逃离但是不知道方向在哪里；日本鬼子进村了，村里的人（包括自己）四散奔逃；走在酷热的沙漠或者戈壁上，顶着烈日，饥渴交加地行走。

焦虑、紧张或者有压力的时候，想象中出现的大多不是自然环境中的意象。如果是自然环境，往往是酷热的、干燥的、燃烧着的。**抑郁是寒凉的，而焦虑是燥热的**。如果意象中有动物，那往往是一些惹人烦躁的动物，比如苍蝇、讨厌的虫子或是闹腾的猴子。

因此，对焦虑有疗愈作用的环境，重点在于安静、安全、平和、滋润。比如，草原、大海，其他一些环境也有这样的特质，从而对焦虑有疗愈功能。

人少的地方，不论是哪里，都可以减少焦虑。因为当人少的时候，就少了那种争先恐后的气氛，或是少了乱哄哄的气氛。人少，而且安静，就更加能够缓解焦虑。当然，这里所说的“安静”并非是指一点声音都没有，要是一点声音都没有就有点令人恐惧了。可以有少许声音，但是不要多。如果是人发出的声音，最好是我们熟悉和信任的人（如亲人或者朋友），而不是陌生人的声音。如果是鸟叫蝉鸣这类的声音最好，因为即使这些声音很响，我们往往也不会感觉烦躁，反而会感觉很舒服，所以说“蝉噪林愈静，鸟鸣山更幽”。

疗愈焦虑的环境，应该是时间感不明显的地方。因为焦虑的人有一种时间紧迫的感觉。当环境提醒人时间正在流逝的时候，人就比较容易焦虑。而一旦人忘记了时间，就可以少很多的焦虑。当然，日出日落也是时间感，绝对没有时间感是不可能的，而且也会让人不舒服。但是要想缓解焦虑，时间的流逝感就不能太明显。比如，这个地方人们每一天的生活都差不多，所以不会让你感到这是不同的一天，就不那么紧迫有压力了。焦虑的人不适合参加一般的旅游团，因为那种旅游团每天的计划都不同，而且行程非常匆忙。焦虑的人适合度假旅游，忘记时间，没有日程安排，任时光流逝。因此，对缓解焦虑最有益的环境，不一定是草原、大海，也许山村、原始森林、少数民族的寨子才是更好的地方。

此外，躁动焦虑的情绪感觉像火，“焦虑”的“焦”就是“被火烤焦”的意思。因此，**有水的环境对缓解焦虑有益**。不过，如果这水是汹涌澎湃的，那么也不会有作用，只有较为平静的水才有缓解焦虑的功能。一般来说，湖泊不会有大的浪头，所以对缓解焦虑是有益的。看着平静的湖水，人的心就会逐渐安静下来。在湖边钓鱼，更是一项能够帮助人让心逐渐平静下来的活动。如果是河水或者溪水，只要水流平缓，水声不太大，也有类似的安抚作用。游泳池虽然是人工水体，但对于缓解焦虑也是有效的——只要游泳池中的人不多。

一些轻松的活动也有助于缓解焦虑，比如采摘、散步等。因此，疗愈焦虑的环境应该为这类活动提供方便。不论做什么活动，都不能被阳光曝晒，而应当有树荫或其他遮蔽物，因为曝晒是焦虑的意象。

焦虑的另一个特点就是混乱，因此疗愈焦虑的环境切忌混乱。杂乱的货物堆积的地方，会让焦虑的人更加焦虑。杂草丛生的地方也不利于缓解焦虑。**疗愈焦虑的环境，应该是远看层次分明，近看井井有条**。当然，并不需要过分整齐，因为过分整齐有强迫的感觉，反而不好。总的来说，错落有致胜过齐齐整整。

如果不善于营造错落有致的效果，就可以采用比较简约的风格，避免过多的装饰和家具，避免过多的不同的植物，避免过多的躁动的事物（如儿童游乐场），简约的环境能减轻焦虑。但同样要注意的是，如果过分强调简约，以至于产生了贫乏的感觉，那么对缓解焦虑也不利。

当然，最重要的环境是人际环境，如果身边的人不焦虑，对焦虑者就是最好的疗愈。有的人喜欢与和尚、道士交朋友，的确不无道理。和尚、道士们不理俗务，只参禅打坐，因此他们很少会焦虑。与他们接近颇有缓解焦虑的作用——前提是，你遇到的是真的和尚、道士。“因过竹院逢僧话，又得浮生半日闲”就是这个道理，因为路过竹院，所以身体闲适，因为和僧人谈话，所以心才能静下来。

受伤感的疗愈环境

受伤感的产生，是由于在生活中遇到了急性的创伤事件。受伤感不同于抑郁，抑郁是一种广泛的情绪，而受伤感则是有指向的。

受伤感是一种强烈的痛苦，严重时甚至会让人感觉无法承受。

引起受伤感的一种情况是在关系中受到精神上的伤害。比如，家庭中的语言暴力，父母用伤害性的语言指责孩子，或是夫妻之间的言语攻击，抑或是恋人的背叛或者欺骗等都属于这种情况。

还有一种是在工作或者社会生活中遇到伤害，比如，事业的严重失败带来的自信受伤，或是犯罪侵害所带来的伤害等。

受伤感对应的是意象中的伤。例如，一个失恋的人运用心理学中的意象对话技术看内心的受伤感，出现的意象是心被一个人用刀剜掉了一块，留下一个黑色的洞；一个被父亲责骂的孩子，意象中有一只腿被砍掉，然后塞进了肚子里；一个在工作中遇到挫折的人，意象中他被摔到乱石滩上，遍体鳞伤，血肉模糊。

在受伤感的心理意象中，人们会想象伤害性的环境。在他们的想象中，可能是黑暗的、破败的房子，或者是人烟稀少的荒郊野岭。环境中没有能够保护自己或隐藏自己的遮蔽物，没有安全的、可以从里面上锁的房间，没有自己可以掌控的东西。也许风雨交加，也许雷声隆隆，也许狂风大作，也许阴雨绵绵，总之让人感觉很不舒服。个别时候，有的人会把环境想象得挺美好，比如，在阳光灿烂的草地上，很多人在轻松愉快地游玩。然而，这种表面上美好的环境往往暗藏杀机，让受伤者感到随时都可能风云突变，或者从树丛中突然冒出来一个攻击者。

在这个环境中，攻击者随时可能出现。人们也许并没有看到这个攻击者是什么样子，也许是怪物、鬼或是凶恶的野兽。有时，攻击者的形象就是家人的形象，如攻击自己的父母或配偶。他们一旦出现，就会重复伤害行为。

为了让这种受伤感得到疗愈，环境必须先让人们感到安全、受保护，让他们不再受伤，然后让他们感到被滋养，并且这个环境能持续存在而不受时间限制，这样人们就可以在这样的环境中疗伤，逐渐地恢复身心健康了。

环境首先要安全，也就是让人们不再继续受到创伤。虽然这里的“创伤”是心理的而不是身体的，但是道理是完全一样的。如果一个人还留在容易受伤的环境中，在疗伤的同时还可能继续受伤，那是没有用的。

如何能让人们感到环境是安全的呢？首先是换一个环境。比如，家庭暴力的受害者需要先离开原来的家庭，到一个可以受到保护的地方生活。有些国家有专门的家庭暴力受害者的避难所，这是非常有用的。如果没有这样的专门机构，就可以到一个能够保护他的人家里暂时生活，或者到外地暂住一段时间。如果家庭暴力的加害者进了监狱，家已经是安全的了，那么受害者是不是可以还住在原来的家呢？也不是绝对不可以，但是如果能换一个环境会更好，因为受害者在原来的家中会更容易回忆起受伤的经历。总的来说，疗愈一个受过伤害的人，首先就是要离开原来的、受伤时所在的环境。

留在原来的环境中，有可能继续受伤，即使现实中不再有伤害，环境也时刻提醒着他曾发生过的事情，他就会持续处在不安中，也很容易继续在心理上受伤。离开了原来的环境，就比较容易换一种心情，从而比较容易暂时忘记过去受伤的事情。因此，想让一个人摆脱一种心态，首先要让他离开原来的环境。因为对大多数人来说，多多少少都是心随境转的。

灾难的受害者也是一样，地震灾民需要离开废墟，哪怕只是搬到一个临时的帐篷中居住也好。这个帐篷所在的地方最好稍微远一点，使受害者不能亲眼看到发生灾难的那个地方。强奸受害者要离开被害的地点，最好暂时离开当时生活的环境，比如到远方的一个亲戚家生活一段时间。

我记得由李连杰主演的两部老电影中都有这种受伤疗愈的情节，一部是《太极张三丰》，另一部是《霍元甲》。张三丰因误信恶友，导致许多朋友陷入包围死伤惨重。霍元甲因狂妄自大与人结下大怨，全家人被杀。两者的受伤感都是非常严重的。之后，张三丰被道士带到偏远的道观中养伤，敌人不知道这个道观，所以这里是安全的。霍元甲则到了深山中的小村，远离了原来的环境。

受伤感的疗愈环境和原来受伤时所在的环境，在各方面都应尽量不一样。有时，受伤者会无意识地把原来环境中的某个要素和受伤这件事联系在一起。因此，疗愈环境必须避免出现这个要素。比如，有个纳粹集中营在拷打人时会播放贝多芬的交响乐，使得这里的受害者一听到贝多芬的音乐就会感到恐惧，那么，他们获救后在其疗愈环境中就不能有贝多芬的音乐出现——这正是我们所说的，环境和人的关系不是固定的，会随着人赋予它的意义的不同而不同。对于我们来说，贝多芬的音乐象征着美和力量；对于这些受害者来说，贝多芬的音乐则象征着威胁和恐怖。

一般来说，让受伤者感到安全的环境应该有保护性的遮蔽物。比如，房子不能太开放，窗户不能让外人轻易进来，也不能太大、视野太好，因为那会让人感到不安全。树林不能太茂密，或者不能有大片的竹林等，以免让人感到危险。灯光不能太暗，太暗的地方难免让人感到不安全。在岛上建立一个受伤者的疗愈环境，对建立安全感往往是有用的。因为岛象征着离开别人，活在自己的一片小天地中。但如果有些受伤者感到这种隔绝是危险的，那么他们就不宜住在岛上。不论住在哪里，房子都要能从里面牢固地锁上，而且别人不能随便进来——如果是保护性的机构，这一点格外需要注意，因为这一点通常在机构中容易被忽视。如果住的是强奸受害者，那么男性工作人员在需要接近受害者的时候要给出信号并得到受害者的许可，不能突然地莽撞地出现在受害者的私人空间中。

环境中如果有让受害者信任的保护者就更好了。这个保护者可以是警察、保安，也可以是一个能在情感上带给受害者保护的慈爱的老人。如果受害者受到的不是地震、抢劫、强奸、家庭暴力等造成的身体上的伤害，而是感情受伤了，那么保护者应该是一个能够理解他的感情并且十分体贴的人。例如，失恋者需要的保护者是一个理解自己并能陪伴自己的朋友，或是一位好的心理咨询师。创伤心理咨询师有一些专门的技术来帮助他们建立安全感，比如稳定化技术等。他们还会专门用心理学技术在受伤者的心中建立“安全岛”。

疗愈环境的另一个必需的要素是滋养性。在建立了安全感后，滋养就成了关键。就像我们身体受伤疗愈时需要营养一样，心灵受伤要疗养也需要营养。而对于心灵来说，营养不是维生素和肉汤，而是可以看到、听到、嗅到的各种美好的环境。

我们前面讲到的电影《霍元甲》中，霍元甲疗伤的地方是一座山清水秀的村庄。那里的自然景观非常好，因此非常养人。对于疗愈来说，环境中最好是树木繁茂或是有茂盛的作物。植物的生长从象征意义上来说是生命力的象征。植物的生命力可以激发人心灵的生命力。一开始，受伤者的心灵沉浸在伤痛中，看不到这些外在的美景。但在受伤者的心灵之伤逐渐痊愈后，他们的心灵总有一天会睁开眼睛向外看，在看到茂盛的植物，特别是新叶或鲜花后，其内部的生命力就可能会在瞬间被启动。

景观中有水的存在也很滋养人。泉水、溪流、小池塘等都很好。水越清澈越好，不需要面积有多大。这就好比一个人大病初愈，喝点大米粥就好，最多来一碗鸡汤，不能吃大鱼大肉。水要清澈，就好比受伤的肢体需要干净无菌的环境。水的象征意义是爱，受伤的人需要爱，因为**真正的疗愈都是因为有爱，没有爱就不会有任何真正的疗愈发生**。

滋养环境中，最好女性多一些。就像身体受伤需要护士照顾一样，心灵的受伤需要的往往也是女性的安抚。年轻或年老的女性都一样，她们身上多少都有些母性的成分，因此有助于疗愈。性格温柔的最好，如果是泼妇，就很可能起不到任何疗愈的作用了。

环境就像一位心理治疗师，对于很多处于消极情绪中的人的确有疗愈作用。不过我们也要记得，“环境心理治疗师”不能独打天下，虽然它有疗愈作用，但还需要与其他心理学方法相结合，与心理咨询与治疗者的工作相结合。

不过，不管怎么说，有一个合适的环境，帮助还是非常大的。未来，我觉得应该在心理学家的参与下，设计建立一些专门针对某种情绪问题的疗养机构或旅游地，这对于改善人们的心理状态、提升人们的幸福感是很有用的。

28

门前流水尚能西

当年苏轼贬谪黄州，因性情旷达，不以荣辱为意，颇为逍遥。因喜欢游赏，常与友人徜徉山水之间。有一天，他到清泉寺游玩，见寺门前溪水西流，有感而发写了《浣溪沙·游蕲水清泉寺》这首词：

山下兰芽短浸溪，松间沙路净无泥，潇潇暮雨子规啼。
谁道人生无再少？门前流水尚能西！休将白发唱黄鸡。

河水东流是中国人的常识。孔子曾经在河边说：“逝者如斯夫，不舍昼夜。”也许正是因为孔子这个比喻，所以在中国人的心中，河水不停流动这个意象被看作时间流逝的象征。河水的流动也确实很适合表达时间的流逝，因为它的流动几乎是匀速的，而且没有休止，这恰恰是时间的特征。河流从源头开始，百转千回，最终东流到大海，这个过程仿佛人的一生。

人们看到河流时，未必总会注意它的流向。然而，一旦人们注意到河水东流，就很容易联想到一生的时间就是这样缓缓流逝，而死亡——最终的必然命运——也一定在远处的某个地方等待自己。这种意识就是对人的生命的有限性的意识。

意识到人生有限，会激发基本的存在焦虑，并常常会带来一种淡淡的忧伤。人们希望时间能走得慢一点，生命更长一点，而这终究是不可得的。许多诗人都以种种方式表达过这种忧伤的情感，而在表达的同时又用了代表时间的其他意象。比如，对于太阳东升西落，晋人傅玄就感慨“安得长绳系白日”，长绳系白日自然是不可能的，所以白居易的《醉歌：示伎人商玲珑》这样写道：

罢胡琴，掩秦瑟，玲珑再拜歌初毕。
谁道使君不解歌，听唱黄鸡与白日。
黄鸡催晓丑时鸣，白日催年酉前没。
腰间红绶系未稳，镜里朱颜看已失。
玲珑玲珑奈老何，使君歌了汝更歌。

黄鸡会在天亮前鸣叫，也就是“催晓”，催促太阳按时升起，而不能有所迟缓，当然也就让我们生命中的时间不能有所迟缓。

死亡不可避免，因此这种存在焦虑也不可避免。这种存在焦虑对人来说并非没有好处，比如，它可以催人早些行动，建功立业。如果没有死亡，生命可以无限延续，只怕人会无限地拖延并变得异常懒惰。正是因为意识到人生有限，人们才能激励自己奋发。“莫等闲，白了少年头，空悲切。”孔子说“逝者如斯夫，不舍昼夜”，可能也是在用这个意象激励学生抓紧时间学习——当老师不容易。

存在焦虑固然有激励作用，但也有负面的影响，那就是容易让心灵比较脆弱的人感到忧伤并且消沉。“镜里朱颜看已失”，容颜的老去会使得有些人心情低落，反而不利于保持良好的心态。

此时，苏轼看到了一条向西流的溪水。

于是，他巧妙地利用溪水西流的意象创造了一个积极的象征意义。“谁道人生无再少？门前流水尚能西！”既然流水也有向西流的时候，人生也就有“再少”的时候。

看着门前的“西流水”，苏轼给了自己一个积极的心理暗示：我的青春是可以再次回来的。“休将白发唱黄鸡”，也就是说，我们不需要像白居易一样，因老去而伤感。

苏轼的这种心态，虽然不能真的让时间倒流，却可以让人的心态返老还童，恢复青春的朝气。

可以说，苏轼不愧是一位优秀的环境心理学家——尽管他并没有“环境心理学家”的名头。苏轼的诗词文章，寥寥数语，往往就是一种心理疗愈方法。

有一次我去四川讲学，房后的小河水浅而流缓，也是从东向西流的。我就利用这一环境，进行了一次心理活动。我带着几十个学员踏足河水，面向西面。看着河水缓缓流向夕阳，然后一起很有仪式感地说一些心理暗示性的话语，让大家产生了“我可以有更年轻的心”的感受。

具体说什么，可以临时决定。比如，可以这样说：“这河水向西流淌，我站在这河流中，我的生命也随着河水一起变得更年轻。我会感到更加有活力，我会感到更加有希望。我的生命还有更长久的未来，而我不会虚度生命……”

一边感受着河水在脚下流过，一边看着河水西流，认真而专注地说这些话，会在人们心中烙上深刻的印象。

大自然中，向西流或者偏向西流的河段，时而还是有的。这些地方其实都是很好的环境心理资源。西流之水的意象，就是返老还童的心理象征。我们可以通过心理学方法加以利用，从而缓解人们因年迈而产生的消沉情绪，改善老年人的心理状态。

何处无物象，但恨苏轼不能常有，则物象不能成为意象，有了苏轼，这些意象就成为取之不尽、用之不竭的心理资源。

29

性格与环境的关系

如果粗略地看，环境可以分出好坏。但如果细致地去看，那么环境就很难讲好与不好了，关键要看这个环境对于具体的人是不是适合。如果适合，那么可能会对这个人来说是好环境，但对别人来说则不是好环境。比如，对于狮子来说，草原就是个好坏境，风吹草低见斑马；但是对于虎来说，草原就不如森林，因为那密密的树林才是突袭野猪和鹿的好地方。对于鱼来说，河流是个好环境；但是对于兔子来说，那地方简直没有办法待。

中国传统堪舆术认为，风水最好的家居环境应该是这样的：后面有高大的靠山，两边是左青龙、右白虎，即高度稍低一点的山；前面比较敞亮，只有低低的案山像桌子一样摆在面前；一条小河从右后方向左前方流去，曲曲弯弯，水流不急也不缓。

从心理意象上分析，可以将这个环境可以看作子宫的象征。而住在这个环境中的人，其心理感受仿佛是住在子宫里。子宫是最安全的地方，住在那里就感觉得到了最全面的保护。前面是敞亮的，给人以向外发展的前途。蜿蜒的河流象征着供给营养的脐带。因此，这个环境是“最养人的”环境。虽然住在其中的人未必意识到了这一点，但是他们的潜意识中会感到安全和被滋养。

然而，这样的环境对欧洲人来说就未必是最好的，他们常常会选择与此不同的环境。比如，欧洲的古城堡常常建在山上很高的地方，城堡的形状也是高耸而上的。这和中国人心目中的好的家居环境大相径庭。不过，欧洲人在这样的城堡中生活得不错，发展得也不错。这是不是说明中国传统的说法不对呢？

其实，这是中国人和欧洲人的性格差异，导致了彼此眼中的“好环境”有所区别。具体一点说，中国人的性格总体上比较内敛，因此像子宫一样的阴性的环境对于中国人来说就是好环境，因为这样的环境安全并且有滋养性。然而，欧洲人的性格总体上比较外向，因此他们会更适合阳性的环境。对他们来说，好房子应该更像阳具而不是子宫才更为有利。在高山上建立高高的城堡，这就是阳具的象征。

中国古代是农耕文明，阴性的环境象征着水汇集于此，水滋养万物生长。欧洲人有更多的游牧基因，是食肉爱好者，所以更看重战斗和胜利。阳性的城堡建在高山上，占据的是“居高临下”的战略要地。高耸的城堡也象征着刀剑，更加强了战斗的力量感。坚实的城墙则象征着甲胄。阳性环境会强化人的战斗意识，对于好战的人来说其实是非常有益的。中国羌族的碉楼有点类似于欧洲的城堡，在高高的山顶上建起炮楼一样高高的石头建筑。

这样看来，这两种环境，哪个更好呢？要看是谁住在里面。

人的性格（或者说更严格的心理学中的词汇“人格”）有太多种不同的分类。古老而广泛传播的一种把人格分为四类：多血质、黏液质、胆汁质和抑郁质。中医把人格分为金型、木型、水型、土型和火型这五种类型。此外，还有很多现代心理学家的分类。

研究环境与人格的关系，其实可以采用任何一种人格分类，只要能总结出不同人格的人需要什么样的环境，就可以在现实中应用这些知识了。

心理学界近来比较常用的一种分类叫作大五人格模型。其中的五个维度由归纳而成，并非来自理论，但还是有一些可用来理解的基本特点。下面我根据它来做一点论述。

大五人格理论认为，人的人格可以从五个维度上加以区分。这五个维度分别是外倾性、情绪稳定性、开放性、宜人性和尽责性。

简单地说，外倾性维度是看一个人偏向于外倾还是内倾，外倾的人喜欢交际，内倾的人喜欢独处；情绪稳定性维度是看人的情绪是否情绪稳定，有的人情绪不稳定、容易紧张焦虑，有些人则稳定而平静；开放性维度是看一个人偏向于开放还是保守，开放者寻求变化和创新，保守者则更喜欢遵守惯例；宜人性维度是看人热情、友善，还是比较冷漠；尽责性维度是看人做事是认真仔细、自律克制，还是马马虎虎、率性自由。

不同性格的人需要不同的环境，包括居住环境、学习工作环境、休闲娱乐环境以及商业活动和医疗活动环境等。比如，较开放的人和较保守的人所需要的工作环境是有差别的。前者需要更大的工作空间、更自由的布置方式等，而后者的工作环境最好是功能合理，有稳定的环境设置。

内倾和外倾的人，在家居环境的要求上的最主要的区别是对个人空间的需求。内倾的人需要的个人空间不大，但是这个空间要有很好的隐私性、封闭性，适合一个人躲在里面，而不会轻易让别人看到或被打扰。内倾的心理学家荣格小时候在他家的阁楼里有一块属于自己的地方，他时常会躲开别人到那里去发呆或冥思。阁楼不大，但是隐私性很好，别人不知道，所以也不会去打扰。外倾的人在这样的空间中会觉得很憋闷，他们喜欢更大的空间，隐私性差一点不要紧，和别人在一定程度上共享空间也不要紧。

不论一个人情绪是否稳定，都需要一个有助于稳定情绪的家居环境。安全性好且安静的环境适合所有人，不过在程度上还是有一定的差别。情绪不稳定的人需要更加安全的环境。为了满足安全性，有时甚至可以牺牲环境中的一些其他优点。

开放性和保守性，针对的是环境的新异性等特征。开放性高的人，喜欢环境中有新鲜的要素。奇妙的、神秘的或者别出心裁的设计，更能获得开放性高的人的青睐。更复杂的设计或是刺激更多的设计，开放性高的人也比较容易接受。而对于太过新奇的环境，保守的人也许会感觉怪异和不舒服。开放性高的人，其住所的门和窗也可以更多、更大一些，房间中的间隔可以少一些，这会让他们感觉住所更加敞亮、舒适。从心理意象上看，门窗更多、更大，本身也象征着一个人的开放性。

一般来说，宜人性高的人，或者说更加热情、温暖、友善的人，和比较冷漠的人选择的住所是不同的。前者喜欢的住所内部色彩更加明亮，暖色调相对多一点。而后者选择的住所内部色调会更冷，感觉上会更硬，而且会更多地使用金属、玻璃、石头等硬质的材料。虽然如此，但是对于比较冷漠的人，改变一下环境，让环境更温馨一些，对他们来说是好事。

尽责性高的人喜欢的环境更加规整。家里的东西摆放得更有条理，书架上的书可能会仔细地分类，家居的风格通常都很统一。他们所选择的房子通常是比较方正的格局。而尽责性比较低的人，家中的布置随随便便，所以可能会显得有些乱。不过，也许他们的住所感觉上反而更舒适，因为他们可能会选择舒服柔软的大沙发，而不是规整的木椅；选择蓬松的被子，温暖的台灯，让生活更加自然随意。

对某种性格的人来说，什么样的环境是好环境呢？基本来讲，**能满足一个人的需要、与他的天性接近的环境就是好环境**。

有些时候，我们需要利用环境来调节某种性格中的弱点，那就不能完全按照个人的需要来设置环境了，要有所区别。比如，我们可以用更温暖的环境来转变性格冷漠的人，让他们稍微热情一些。不过，这种调整要适度，不可和一个人的天性有太大的区别，否则不但无法转变，反而不利于他们的生活。

这里面的运用之妙，也只能是存乎一心了。

建筑之妙，在于似与不似之间

“作画妙在似与不似之间，太似为媚俗，不似为欺世。”齐白石在谈绘画时如是说。

建筑不同于绘画。画通常不需要具有实际的功用，它纯粹是为了供人们观赏。然而，建筑往往具有实际功用。比如，楼房是为了住人或者办公，体育馆供人们在里面做运动、打比赛，而机场是旅客乘飞机的地方。既然大多数建筑是为了实际功用而建造，那么它的外形就要更多地为了实用的需要服务，而不能单纯考虑艺术的效果。

虽然建筑常常以某个物象为蓝本或启示，也就是像某种事物，但是总不可能如同绘画一样，和蓝本完全相似。比如，我们可以说“悉尼歌剧院像一艘扬帆远航的船”，我们也可以说“靳尚谊给真人画的肖像很像”，但是这两句话中所说的“像”是不同的。靳尚谊画中的人物，和其模特当时的样子非常相似。然而，悉尼歌剧院并不真的是帆船的样子，只不过和帆船的样子有一点相似，让我们比较容易由此联想到帆船而已。

假设设计师在设计建筑时，不需要受到实用要求的约束，那么是不是可以设计得和某种事物非常相似甚至惟妙惟肖呢？恐怕还是不行。

不信我们可以看一看曾经出现过的那些高仿真建筑。比如，和铜钱一模一样的大厦，以及福禄寿星形象的大楼，感觉如何？

作画太似，未必一定俗，但如果楼房建得这样高仿真，就让人无法忍受了。可见，建筑和它的启示物（或者说原型）之间，必须在“似与不似之间”，且绝不能让人第一眼就极为清晰明确地感到它们非常相似。

那么，从环境心理意象的角度看，为什么必须是这样呢？

建筑和某种事物相似，这是有其心理功能的，这个道理我们前面也说过：如果某座建筑和某个物象相似，那它们在人们心中就会有类似的品质，对人们的心理也会带来相应的影响。比如，悉尼歌剧院像一艘帆船，那么进入这个歌剧院的人，就会或多或少地有如扬帆远航一般，感受到自由、开阔和舒展。如果另一个剧场像一架钢琴，那么进入这个剧场的人，就会有钢琴曲一样的浪漫的期待。如果赌场的样子如同鸟笼，进入赌场的人也就会如笼中鸟一样感到受困，越赌越输的时候，继续赌下去就成了他们挣扎着试图翻身的无奈之举。

从这个意义上看，建筑和它的原型应该比较像才好。

然而，为什么我们又发现太像了反而不好呢？

这是因为如果太像了，人们就会非常明确地知道其意义，这时，它就不再是一个隐喻，而是明明白白说出来的话语了。这样直截了当的表达有时会被人反感，因而效果变差。即使不被人反感，也只是在意识层面起作用，而意识层面的作用很小，因而效果还是会变差。

对人心理影响最大的是那种在意识层面不是很明确但是在潜意识中却非常清晰的隐喻。因为意识层面不明确，所以反感和迎合都很少，但在潜意识层面则会产生很大的影响。按照弗洛伊德的理论，人的心理有 90% 是潜意识，因而当潜意识中的心理能量被触动时，人受到的影响就会大得多。

这就好比男女之间，如果一上来就明说“我想诱惑你、追求你、得到你”，对方要么马上拒绝，要么马上接受，但是这个过程中没有多大的张力。而如果意识层面不明确，却在潜意识能量的驱使下，试探、引诱、欲拒还迎，这样的互动才会让两个人之间的张力越来越大，最后达到一个非常的高度。

不很相似，才能让意识无法明确知道，从而较少参与。有些相似，才能激发潜意识中的意象和心理能量。似与不似之间，建筑师用含蓄而暧昧的表达，用似有似无的诱惑，把意义传递给了观赏者的潜意识，从而对观赏者产生了更强有力的影响。这才是用心理意象这种语言进行对话的高明艺术。

不似，没有作用；太似，作用很小。似与不似之间，具体要达到什么程度、如何掌握分寸，只能意会而不能言传。当然，如果我们一定要用科学的方法来辅助艺术，那么也的确有一个方法，那就是实验。我们可以制造一些楼房的模型，有些是和原型非常相似的，有些是相似度很低的，有些是介于两者之间的。找几十个被试，让他们分别去看这些模型，然后测试他们的心理反应，看是不是符合设计者的意图。测试心理反应可以用问卷或是生理测量的方法，具体做法可以根据当时情况加以选择。最后，我们就会得到一条曲线，这条曲线的横坐标是相似度，纵坐标是心理反应的强度，然后就可以从中找到最高反应强度，以及它所对应的相似度。这样，即使不是艺术感觉很好的人，也可以找到适当的相似水平。这种方法将来也许可以成为一种建筑业的标准程序。

如此，我们也许会见到一些更动人的建筑。

31

点题之美

为了让他人能够理解设计者对环境的赋意，设计者可以通过某些特殊的设置直接表达自己的意思，引导他人按照设计者的视角去观赏，从而得到相应的知觉和感受。在传统中国园林建筑中，匾额、对联等都能起到这个作用。

例如，承德避暑山庄中有一景叫作“濠濮间想”。如果没有这个名字点题，那么我们看到的就只是一座亭子，前面有水，后面有树林，当然很是清幽，但也没有特别异乎寻常的地方。然而，有了这个名字就不同了。“濠濮间想”这个词，来源于东晋简文帝司马昱。《夜航船》记载：“梁简文帝入华林园，顾谓左右曰：会心处不必在远，翳然林木，便自有濠濮间想，觉鸟兽禽鱼自来亲人。”司马昱是一位善于清谈，爱好自然，很有风度、气质和才华的皇帝。皇家园林将古代一位文采卓异的皇帝的话放在匾额上，暗示着这座园林的主人（康熙皇帝）认同简文帝，也向往这样的境界。这就是点题，且引用的话来自古代帝王也符合园林主人的帝王身份。而且“会心处不必在远，翳然林木，便自有濠濮间想，觉鸟兽禽鱼自来亲人”，这句话也点出了这个景观的特点，“翳然林木”是指亭子后面的树林。“濠濮间想”就是说，这个地方能让人想到濠、濮两条河流，点出亭子前面有水，有林有水，所以可以称之为“濠濮间想”。

那么，为什么是濠、濮这两条河呢？这里又有典故。庄子和惠子曾游于濠水边，庄子看到鱼儿自由自在地游，就感叹说鱼真是很快乐。另外，庄子在濮水边钓鱼的时候，楚王派人来请他做相国，而庄子拒绝了，他说他宁愿像龟一样在泥水中活着，也不愿为把骨头放在高贵的庙堂上而死。因此，“濠濮间想”不仅是由树林和水面联想到了另外的一个景观，还联想到了庄子的精神境界。林、水、亭这样的一个组合，通过“濠濮间想”这样一个匾额，创造了一个和庄子相通的精神境界，带来了庄子所代表的那种超然物外、自由洒脱的境界。这样一来，这个环境的意义就得到了非常大的提升。

后来，这个创意又被移植到了北海公园。北海公园设计了一个景点叫作“濠濮间”。不过在我看来，北海公园的“濠濮间”比起避暑山庄的“濠濮间想”稍微要差一点。避暑山庄的“濠濮间想”简约，建筑只有一亭，而北海的“濠濮间”建筑稍微多了一些，所以反而离庄子的那种感觉远了一点。另外，去掉了“想”字，叫作“濠濮间”，名字也少了一些空灵和想象空间——毕竟这个北海中的小园子并不是“濠濮间”。当然，虽然如此，也还是能够让我们生发出仰慕古人的感情的。

这样的点题，在中国古代园林中屡见不鲜。比如“醉翁亭”，作为一座亭子，也许本身并无奇美之处，但是有了欧阳修的《醉翁亭记》来点题，这座亭子就有了意义，也就是所谓“醉翁之意不在酒，在乎山水之间也。山水之乐，得之心而寓之酒也”。由此，我们知道醉翁亭的观赏在于山水，体会的是山水之乐。再比如“拙政园”，意思是“灌园鬻蔬，以供朝夕之膳……此亦拙者之为政也”，表面上是表达田园生活之乐，更深一层则是指脱离政治漩涡、回归平淡生活的快乐。

对联也常常有画龙点睛之妙，比如西湖飞来峰上冷泉亭有对联曰：

泉自几时冷起

峰从何处飞来

飞来峰的得名有一个小故事。印度僧人慧理来到杭州，看到此峰惊奇地说："此乃天竺国灵鹫山之小岭，不知何以飞来？"因此被称为飞来峰。按照这个典故，"峰从何处飞来"应该是有答案的，那就是从天竺国灵鹫山飞来。但是，这里的对联之所以还要设问，是继承禅宗的传统，用一个问题来"参"，从而试图开启人的智慧。从几时开始，从何处而来，对应着人生的基本问题：人从哪里来？而这样的设问，刚好和飞来峰的佛教渊源贴合。

对环境的赋意点题的词语，一般都是以匾额等具体的形式出现在环境中。这样一来，游人就可以直接明白这个赋意。但是有时，不需要有匾额等物也可以完成赋意。比如，苏轼写了一句诗"欲把西湖比西子，淡妆浓抹总相宜"，把西湖比作西施。这首诗流传广泛，几乎尽人皆知，那么西湖的游客并不需要在西湖边的某个地方阅读这首诗，而是一看到西湖就会想到这首诗，从而感觉西湖真的如同西施一样美丽。

当然，如果游人没有古代中国文学的修养，也完全不知道这些典故，更进一步说，如果游人并不认可相应的古代文化，那他就不会产生相应的感情。比如，如果"濠濮间想"的游人根本不知道谁是庄子，或者虽然知道，但是完全不认可庄子，从来没有体会过庄子的精神境界，那么这个点题的作用就不大了。我们只好说，这位游人听不懂造园者在说什么，或者和造园者话不投机。不过，这也没有关系，因为造园者也许本来就不是说给那些人听的，造园者只不过是想和未来时代的两三个知己说一说。

32

设置环境，让环境说话

有些时候，环境是有主人的，人们会根据这些有主人的环境的特点去了解这个环境的主人。正因为如此，环境的主人也应该懂得，自己可以利用环境来塑造自己在别人心目中的形象。**主人给环境赋予意义，这个意义就和自己的形象联系在一起了。**

商人希望别人相信自己很富有，所以要买豪华车。车作为他的随身环境，就带着“富有”的意义。因此，商人不需要时时亲自和别人说“请相信我，我很有钱”，只要别人看到了他的豪车，就很自然地相信他的经济实力了。办公场所的档次也具有同样的意义。如果一个商人的办公场所是高档的写字楼，占据了很多的房间，而且办公室的装饰也很奢侈，就会成为一个活广告。商人们之所以花钱购买奢侈品，有时就是为了这种实际的需要。然而，有的极其富有的、无人质疑的大富豪，比如巴菲特或者李嘉诚，有时反而穿的并不是名牌衣服，这是因为他们已经不再需要用这些外在的东西来展示财力了。

如果我们去见一位企业家，到了他家，发现房子是古典风格，木花窗做装饰，墙上挂的是书法作品和山水画，大书案上放着笔墨纸砚，茶桌上烧着水，旁边燃着一炉香……我们就会有一种与众不同的感觉。

古代，大臣们进入紫禁城的时候，需要先穿过高大的城门，然后走过长长的通道，最后才能进入皇帝所在的大殿。大殿金碧辉煌，皇帝的龙椅置放在高台之上，而皇帝就高踞在这龙椅上。这样的环境会让人感到一种威严和压迫感，也让人紧张焦虑。于是，大臣见到皇帝的时候，就很可能产生一种胆怯和屈从的心态，因而对皇帝非常敬畏。紫禁城里的许多环境设置都有一种突出皇权的心理暗示作用，就连紫禁城里的墙壁的那种暗红色，也有一种威严和压迫的感觉。

而名士的住所最好是一座清静的城郊小院，花木扶疏、小桥流水，转过一片绿竹，看到低调的木屋。门前一株梅花，阶下几丛兰草。主人还没有出现，我们就已经对他产生了一个非常高雅的印象。

所有这些都是环境在用其形象传达意义，在对我们说话。善于运用这种环境语言的人，一言未发就可以塑造自己的形象。《红楼梦》中，贾宝玉到秦可卿的房间中，看到其中的绘画、陈设，闻到其中的香味，就感受到了一种情欲诱惑的美感，这就是秦可卿在环境中所体现出的品质。

现实生活中，我们设置自己的环境时，未必都很有意识地进行了思考。如果我们希望环境能够替我们有所表达，就应该更有意识地创造环境。

不论是设置大还是小的环境，我们都可以先问问自己："我想让这个环境告诉别人什么？""如果这个环境会被看作我自己的特点或精神品质的象征，那么我希望别人看到我的什么特点和精神品质？"最好明确地把答案总结为一个核心词，比如"富有""优雅""权威""有学识"等，总结出来的词越精确，设置环境时就越容易成功地表达。如果需要表达不止一种品质，就要把这几种品质结合为一个词。比如"富有"并且"有学识"，可以结合成“儒商”。

确定了所要表现的品质之后，就可以开始自由地想象。放松地、自由地想象，先不要过多地考虑在现实中能不能实现。比如，有个人希望表现的品质是“神仙一样自由”，想象中他乘着白云在空中翱翔，这也完全可以。在想象了一段时间后，人就会逐渐进入一种白日梦的状态，想象越来越丰富和生动。

尽量记住这时浮现出来的意象，即使有些没记住也没有关系。在这个过程中，脑海中浮现出来的意象就是人们潜意识中本能地用来象征这些品质的意象。这些意象只要在环境中出现，就会在观赏者的心中唤起类似的感受。

然后，从这些意象中选择最有感觉的意象，记住它们，甚至可以画个草图。反复品味这些意象，然后就能慢慢构成一种整体的感觉，以那些合适的、自己喜欢的、能表达主题的意象为核心，与其他一些辅助的意象相结合，构成一种具有个人风格的整体想象。

接着，考虑如何在现实中呈现这种整体的想象。我们可以通过建筑格局、材料、家居布置等，让想象中的那些意象得以呈现。

进一步说，还可以考虑对利用客人进入这个环境后的安排来塑造客人对环境主人的印象。比如，如果我们在客厅设置一些方便客人的设施，就可以塑造一个好客的主人形象。

这样，环境就可以为我们“说”出我们想要表达或表现的东西了。

33

心情的昼夜与四季

大自然的鬼斧神工是人工所不能比拟的。总体而言，人工环境造成什么样子就是什么样子，但自然环境会随着时间不停地变化。一日之中，太阳东升西落，自然景色就完全换了一副模样。四季流转，大自然中也是完全不同的景象。**生活在这个世界中的人，受到昼夜、四季不同的环境的影响，心理状态也会随之发生变化。**

从象征意义上说，一日一夜象征着人的一生，一年四季也象征着人的一生。因此，一天中的不同时刻，以及一年中的不同日子，对于人来说都有不同的意义。这种象征意义不需要后天学习，早已存在于人的潜意识中，影响着人的心情和行为。

正常人在心理健康的情况下，早晨时会有一种清新、清爽、明快的感觉，所以早晨又被称为“清晨”。这时候，人的情绪往往会比较积极、愉悦。相对别的时刻来说，人在早晨时心里不会有很多杂念，因为早晨在象征意义中对应着人的童年。童年是单纯的，就算不是无忧无虑，至少也是活在当下的。经过了一晚的睡眠，昨天的种种喜怒哀乐大多忘记了，早晨是一个新的开始。早晨，外在的环境也令人心情舒畅，比如，早晨更容易听到鸟儿啁啾，早晨的空气通常也更加清凉而适意。

上午，太阳逐渐升高，越来越亮并且越来越热，这段时间象征着一个人的青年时代。气温越来越高，象征青年的激情。这段时间，人的活动性越来越强，就像年轻人一样有行动力——虽然还没有很明确的方向。

中午，太阳当空，象征人生走向中年时代——但是尚未到达。这时候，人的行动越来越稳定而持续，情绪也更加稳定。

下午，太阳逐渐西下，但温度却并没有降低。实际上，一般来说，一天中最热的时候正是下午的两三点之间。这个时候人会稍许有些倦意，情绪也不再那么激动和兴奋，而是逐渐收敛。这和中年人的情况比较贴近。

黄昏，阳光的亮度也许和早晨类似，但是落日带来的是美丽而有些忧伤的心情。一方面，因为经过了一天的生活，人的精力已经耗尽，多少有些疲倦，而且也容易有一些生活中的情绪积累（消极情绪稍多，毕竟人生不如意事十之八九）；另一方面，黄昏是年迈的象征，是趋近死亡的象征。丧失的预感，是忧伤的来源。外在环境中，晚上很少听到喜鹊鸣叫，却很容易听到乌鸦的叫声，使得忧伤的气氛更加浓厚。当然，如果人们能安然地对待时光的流逝，甚至能看淡生死，这种忧伤就不会存在了。

夜晚，是死亡的象征。其积极的一面象征着安眠，也就是安然地享受放松的、没有负担和责任的、平静的生活，这种感觉是很好的。其消极的一面就是死亡所带来的恐惧，人在白天未实现的、遗憾的、悔恨的，都可能成为晚上的噩梦。临近夜晚，人看到天黑会恐惧，本质上是一种对死亡、错误、未知的恐惧。因为每一个人都会害怕死亡，所以黑夜总是有让人恐惧的一面。

这只是一般人的情况，对于特殊的人或是有心理问题的人，情况会有所不同。比如，抑郁症患者很可能在早晨时心情最不好，而到了黄昏反而好一些。究其原因，也许是因为抑郁让他们觉得活着是个负担，所以生的象征并不能让他们快乐，死亡反而让他们有一些解脱的感觉，所以黄昏反而让他们感到轻松。而黑夜中，他们的心情也是不好的。失眠的夜里，种种消极的念头此起彼伏。

针对一天的情绪周期性变化，我们可以相应地安排我们的生活和工作。安排得恰当，就可以让心理状态在总体上变得更好。

比如，早晨人是清爽的，古人一早就去打扫院子，让院子也清清爽爽，这样就可以放大这种清爽感，正所谓“黎明即起，洒扫庭除”。学生一早去读书、背单词，因为脑子清醒，学习效果也会比较好，学起来心情也会好，这就是所谓的“一日之计在于晨”。已经退休的人往往清早出门去锻炼身体，做做操或者散散步，都是顺应自然环境的时间规律。对于上班族，上午适合做更具有开创性的工作，而下午则适合做一些整合性的工作。傍晚则可以休息，晚上该睡觉的时候就睡觉，不要熬夜。

四季变换对人的心理也很有影响。过去，城市还不像现在这样发达，不同的季节里不仅气候不同，外在景观的变化也很明显——尤其是在北方，景物的四季变化清晰而明确。现在，在大城市中，有些人常年生活在高楼大厦等人工环境中，四季的变化在一定程度上被隔绝了。比如，办公室中主要是靠灯光照明，用空调调节室内的温度，所看到的都是室内绿植或者假花。人们一天到晚在这样的环境里工作，晚上乘地铁或者乘车回到家里，很少有机会接触自然，因此对季节的变化并不敏感。不过，即便如此，季节的变换依旧会对人们的心理产生一定的影响。即便已察觉不到，人们身体内部的生物钟还是会和自然界产生共鸣。

春天，万物新生，在我国中部和北部感觉尤其明显。冰雪融化，土地上冒出了淡淡的绿芽，花朵争奇斗艳。这种生命新生的感觉以及景观的变化都非常有冲击力，让人们感到非常喜悦。按照传统，人们要在清明节踏青，就是去感受春天这种令人喜悦的气息。其实，这也是对心灵的一种滋补，所滋补的就是人的生命力和生活的动力。少数民族男女常常对歌，这更是激发生命活力的绝佳方式。如果幸而没有雾霾，那么呼吸春天的新鲜空气，也是激发生命力和快乐的源泉。

然而，春天也是精神疾病多发、抑郁者自杀多发的季节。

从象征意义上说，春天象征万物复苏，此时，人们心里蛰伏的种种消极的念头也会复活，因此，种种精神疾病也比较容易发作。

抑郁者为什么常常选择在万物复苏的春天自杀呢？其实，他们在冬天是最抑郁的，他们常常会想要自杀，但是那时候他们的行动力太差，以至于不能实施自杀行为。而到了春天，他们的行动力恢复了，就会实施原来就已经想好了的行动。春天虽然有生命的象征，但是毕竟这时的生命还是初生的、脆弱的，在强有力的抑郁情绪下，这些积极的生命力和积极的情绪都缺少抵御能力。就仿佛新生的嫩芽，当遇到严重的倒春寒时，很容易被冻坏。李易安所说的“乍暖还寒时候，最难将息”，指的就是这个季节。春天的景物固然有积极的象征意义，但是在抑郁严重的时候，也可以被转化为消极的意义。比如，林黛玉看到春花开放就会联想到落红，进而联想到死亡。

夏天，万物生长繁茂，人们的心情往往也是稳定的。抑郁在阳光明亮的夏天比较少发作，据研究，这可能和光线强有关。抑郁的心理意象都是阴暗的，如果环境中阳光灿烂，就会在一定程度上冲抵抑郁的影响。但夏季高温对心理和情绪会产生不利的影响。在高温天气下，人会更容易烦躁、发怒，身体会感到乏力，脑子容易犯糊涂。有些研究者还发现，高温天气时犯罪率也比较高，尤其是性犯罪比较多。天热的时候，人好像比较暴戾。

秋天是收获的季节，也是万物凋零的季节。古代的中国人总是注意到秋天的肃杀气氛，所以“悲秋”似乎是文人中非常普遍的一种文化心理。不过，现代人受这种影响比较少，所以秋天并不会带来太多的感伤。除非某个人刚好在生活中面临丧失（如失恋或者丧亲），而他又刚好注意到了秋风扫落叶的情景，这个情景就会触动他内心的悲伤。其他人也许会觉得秋天是个挺不错的季节，酷暑离去，天气清凉而晴朗，心情就像把好多事情都放下了一样轻松。

冬天是寒冷的，但是对于多数现代人来说，寒冷的影响并不是太大。除了早、晚在公交车站等车的时候，其他大多数时候都是在室内。冬天，与取暖设施丰富的北方相比，南方室内会比较冷，但是和古人的冬天比起来还是好多了。

心理健康的人在冬天会有很美好的感觉。寒冷的日子，在暖暖的屋子里吃火锅或者大锅炖菜，会感到格外幸福、温暖。

不过，抑郁在冬天一般会比较严重，因为人在看到落了叶子的光秃秃的树，难免会感到萧条。另外，冬季阳光比较弱，也会加重这种感觉。而且，雾霾往往在冬天更严重，对抑郁者来说更是雪上加霜。

针对季节环境对心理的影响，我们可以做一些有益的应对——顺应季节的变化，有意识地吸收每个季节对心理的积极影响。在春天，我们可以走出门外，去大自然中赏花踏青，充分利用春天的积极影响，为心灵存储足够的生命能量。夏天，空调温度不要调得太低，让室内不要太热也不要太凉，这样才可以踏踏实实做事。室外工作者则要尽量想办法避免高温的侵害。夏天会给我们的心灵带来一种平和发展的感觉。秋天，我们既可以参加采摘活动，体会收获的丰盈感和满足感，也可以观赏红叶或金黄的银杏叶，感受秋天的美和清爽。冬天，如果可以，不要把工作安排得太满，不妨留出点时间闭门读书。

针对各个季节的消极影响，也可以用一些心理学方法来缓解。比如，春天容易抑郁的人，可以主动接受心理咨询。夏天天热容易烦躁，可以通过正念练习来平复心情，也可以观赏和冰雪有关的绘画或电影，或者通过想象冰雪世界的场景让自己冷静下来。在秋天感到萧瑟的时候，可以观赏或想象那些收获的场景，比如收获粮食和水果的画面。冬天则可以想象壁炉、火塘、火炕等室内取暖设施，从而获得温暖的感觉。

总之，季节是流转的，心情也可以是流转的，我们不需要永恒的快乐，就像这世界也没有永恒的春天，但是**只要顺势而为，接受每个季节独特的心理象征，我们的心就会是健康的，我们的生活也会是美好的**。

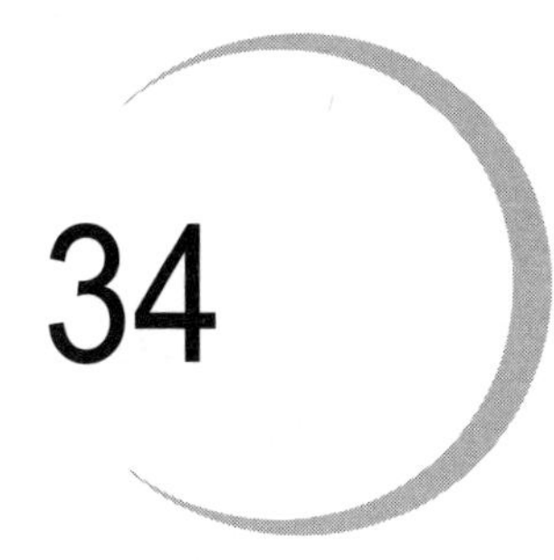

34

山的诱惑

勇敢者的运动：登山

为什么要登山？

“因为山就在那里！”

这是英国探险家乔治·马洛里（George Mallory）的名言。他之所以说这句话，是因为别人问他为什么要攀登珠穆朗玛峰。

后来，他死了，死在了珠穆朗玛峰。当然，他一定会感到这样死很值得。

喜欢登山的人，对这句名言非常认可；而不懂得登山意义的人，则永远都不会懂得他为什么要登山。

因为山就在那里，所以就要登山吗？按照这个逻辑，因为臭泥塘就在那里，我们就要蹚过去吗？显然不是。其实这句话和逻辑无关，而是表达了一种心情：见到了高山，就忍不住要去攀登，所以“山就在那里”成了攀登的理由。

那么，为什么对有些人来说，攀登高山有这样大的诱惑力呢？高山顶上有什么东西吸引了他们呢？当然，对于真正的登山者来说，登山绝对不是为了出名获得世俗利益，而是一种精神的追求。那么，他们追求的是一种什么心理感受呢？答案就是，“山”这个环境意象与人的心理交互作用的结果。我们要弄明白现代登山者为什么要登山，就需要知道山对他们而言有什么心理意义。

现代登山运动起源于欧洲。据说最早在 18 世纪，科学家德索修尔（de Saussure）为了研究高山植物，在向导的帮助下登上了阿尔卑斯山的最高峰。到了 19 世纪，欧洲已经有大量爱好竞技和探险的人从事登山活动了。这些登山者所追求的登山目标主要有两个——高、险。

在登山者心中，山具备了这两个特点。对于登山者来说，山就是一个需要被征服的对象，也是一个具备困难和危险的情境。当然，登山者心中赋予山的这种意义，只是山这种环境可能具有的心理意义中的一部分，而不是全部。

登山者的心理，就是勇敢、无畏、自信的英雄式心理。英雄必须接受挑战，如果没有挑战，就无法把英雄和平庸者区分开来。因此，登山者需要攀登高而险峻的山来挑战自己，从而实现自己的英雄追求。

登山运动之所以诞生于 18 世纪的欧洲，是因为那时的欧洲正处在一个探索、发现的时代。那个时代的欧洲精英们，都有一种积极进取、勇于探险、自信开放的心态，都有一种征服世界的雄心。英雄主义精神驱使他们的前辈发现了新世界，也驱使他们在科学领域和社会生活中发现新事物。面对一座座险峻而神秘的山峰，这种英雄式心理自然而然地被激发出来。

在登山的过程中，在人和山的交流中，这种英雄式心理可以得到满足。

山的险峻可以被理解为山对人的考验——不是谁都可以随随便便得到山的认可。懦弱无能的人会被淘汰，只有通过了山的考验的人，才能被验证为真正的英雄。因此，在登山者克服困难通过险境后，会产生极大的成就感和满足感。

山是伟岸的，当人看到山的巨大身躯时会产生多种不同的感受，其中有一种就是伟大感。人可以有两种方式来回应这种强大感，一种是敬畏这伟大的山，另一种是站在高山之巅，感觉自我也更伟大了。登山者的英雄主义心理和自恋心理让他们更多地选择用后一种方式来回应。当他们来到大山中时，眼界开阔，不再局限于城市中那狭小的视野，他们就会油然生出一种自豪的心情，这种心情会让他们更加自信。因此，在近代西方文化中诞生的登山运动对整个欧洲社会都有影响。登山者的行动感染了很多人，激发了人们的进取精神和勇气，从而在社会的不同领域奋斗并获得成功，推动了社会的进步。

当登山者登上山顶、站在最高点俯瞰四周的时候，这种独特的视角自然会带来一种自信、豪迈的感觉。体型高大的动物在矮小的动物面前就是这种感觉，皇帝坐在高高的龙椅上俯视群臣时也是这种感觉。而当人站在高山之巅的时候，这种感觉被放大到了极点。高山之巅这样的环境最能满足一个人的自信。自信甚至有点自恋的人会喜欢这种感觉，这种感觉能强化一个人的自信。因此，如果一个人已经很狂妄自大了，就不要用这种环境来强化他了。

近代西方文化是高度进取性的文化，是征服性的文化。登上高山之巅的人会产生征服了高山甚至征服了自然的感觉，这种征服感也正是他们所追求的。越是高海拔的冰峰，越是被看作生命禁区的地方，他们就越是要闯入。这是一种超越自我甚至是试图超越神的限制的挑战，而登山者认为，赢得了挑战就实现了自我的超越。

这种征服心态来源于工业文明中那种征服自然、利用自然，而不是与自然融合的心理。而登山活动更是强化了征服自然的态度，促进了整个社会对自然的开发（或者破坏）。

中国文化中的“登临”

中国传统文化中，登山同样具有特别的意义，但是和欧洲的登山运动的心理内涵完全不同。古代中国文人并不追求登上世界最高峰，也不认为登山是征服自然的标志。实际上，他们连想都没有想过要去征服自然。从文化内涵上说，古代中国文人和西方登山者登山的出发点不同，但两者在心理规律上有相似性——他们都喜欢那种站在高山上俯瞰四周的感觉。

会当凌绝顶，一览众山小。

在中国儒家精神中，有一种对人的自信的承当。孟子所谓的“浩然之气”，就是儒家所理解的要长养的自信。而登上高山之巅，放眼望向云海和周围的山河大地的时候，这种高视角、广视野，这种对高山的伟岸博大的认同，可以激发儒家的自信精神或浩然之气。

这也是一种英雄主义，但是表现形式不同于 18 世纪的欧洲登山者。这种英雄主义不强调战胜外部世界，而是强调战胜内心的邪恶欲念或者不道德。因此，这是一种道德的英雄主义。这种英雄主义不强调开疆拓土，强调的是坚守正义——“富贵不能淫，贫贱不能移，威武不能屈”。比如，中国有一种石头艺术品名为“泰山石敢当”，它所代表的就是泰山，象征着泰山以其坚定的力量威震四方，使邪祟不能侵害人类。

登上高山，感受山的伟岸、力量和高大，中国人常常把这种环境体验和圣贤的伟大人格联系起来。比如，看到泰山的时候，就好比看到孔子伟大的人格。登上泰山之巅时，就仿佛自己和孔子的精神有了融合。

登上山顶，离开日常生活的区域，这带来了一种超越感。这种感觉和自信、自豪是不同的，自信是在同一种生活中，在某一方面比别人更优秀，而超越感是进入另一种生活状态。

在传统中国文化中，登临者在山顶获得了一种超越感，同时也提醒他们自己，除了世俗的追求之外，人也可以追求精神领域的生活。

生活在山中

另一种对待山的态度，是生活在山中而不是站在山顶。“松下问童子，言师采药去。只在此山中，云深不知处。”这里并没有登顶的激情，有的是一种融入大山的感觉。人没有征服山，而是成为山的一部分。

山这种自然环境，不仅可以是高大险峻的，还可以是丰富的、神秘的、包容的。山上有树林和云烟，树木和云烟把山遮蔽起来，让它和外部的世界之间保持一定的距离。有的山上有山洞，更加幽深神秘。山上还有溪流、泉水，山养育了草木，也养育了种种动物。山里的动植物和矿物种类繁多，是山下农田所不能相比的。

这种自然状态的山象征着人没有被社会污染的本性。中国传统文化认为，人的本性是好的，但可能会被污染。而山这种环境可以让人的心更接近本性，因此来到山中，就相当于回归自己的本性，仿佛清除了被社会所污染的杂质。修道的人往往自称为“山人”，其意义就是不追求功名利禄的人、清除了社会的污染的人、恢复了美好天性的人。进山就是通过和山的神交来净化灵魂。终南山作为隐士所偏爱的一座山，尤其能起到这个作用。

如果说登临泰山之巅更多代表的是儒家的人格，那么归隐于山林则是道家人格的体现。如果说中外登山者都有追求英雄主义的心理，那么“在山中”则是追求自然主义的心态。在山中体验人类久违了的野趣，找到久违了的本心。在山中远离尘世浮华喧嚣，就是享受内心宁静的快乐。在山中就是体验返璞归真的生活，找回一个人的真性情。

古代中国绘画中，有一个专门的类别是山水画。山水画的主体往往是山，伴随着大山的则是溪流瀑布或者山下的河流湖泊。在山水画中，人物往往都被画得很小，并不很引人注目。

这种画法其实正体现出了中国人关于山的环境心理。在画家的表达中，山不是一种无情的死寂的东西，而是有丰富情感的。人物画得小一点并没有关系，因为人是属于山的。相对于山和大自然来说，人本来就是很渺小的。承认人的渺小，会熄灭那些狂妄的野心，也会熄灭那些由野心所带来的焦虑、烦躁、愤怒等种种不良的情绪。另外，人虽然渺小，但是当人和山在心中融合时，山的伟大、灵秀、宁静、滋养等品质也都同时属于山中的人，因此山中的人并不会自卑，而是会享受山所带来的美好体验。

净化心灵的山，其高度不需要在世界上排前几名，只需要与人们平时的生活区域有一定距离，且最好有一个比较好的生态环境。这样的山是一种环境心理学中所说的“复原性环境”，可以让在社会生活中感到焦虑、烦躁和忧郁的人，通过在山中生活，恢复心理和情绪的健康状态。

日常生活与山

我们多数人并不曾参加真正意义上的登山活动，但是偶尔也会去登山、进山游玩，将其作为一种旅游度假活动。日常的登山可以作为一种娱乐、体育运动或是心理调节。上述各种由登山产生的心理，我们在日常生活中也都多多少少体验过。

比如，当人们登山来到比较高、视野也比较开阔的地方时，会有心胸开阔的感觉和壮志凌云的豪情。我们会感到日常生活中积聚的闷气，到了山上视野开阔的高处就能够一吐为快，感觉很舒服。在高处，心气也会比较高，会有更自信的感觉，所以平时不太自信的人去登山，可能会给他们带来帮助。不过，如果这种不自信格外严重，那么他们到了高处时，不但不会因此而获得自信，反而会产生恐高的反应，让他们害怕和紧张。

有些人有一种自发的心理调节的方法，就是“喊山”，也就是在山上向远处高声大喊。这是一种利用山的环境改善心理状态的好方法，简单易行，也确实能获得一些效果。大声呼喊可以让呼吸更深，有一种吐出闷气、浊气的感觉，可以让人改善心情、减少郁闷。古人所谓的“长啸”实际上起的就是这个作用，所以岳飞报国无门的时候就会“仰天长啸”。而现在的人也常到小山坡上大声呼喊，喊过之后，颇有神清气爽的感觉。

到山区游览，在山里住宿，在山里采摘，这些活动虽然无法和隐士们的生活相比，但也能让人放松心情、缓解焦虑。山屏蔽了城市的喧嚣，带来了一片宁静的天地。

有时，即使不能进入山区，只是远远地看山，对人的心理也会有一定的积极作用。山的沉稳感会让遥望者的情绪变得较为宁静，葱茏的绿色会让遥望者感到被安抚，而那些陡峭的山则会激发遥望者的雄心。

仁者乐山，如果我们懂得如何与山相处，就会收获莫大的快乐、支持和安慰。

别让环境像面破鼓

据说每个人的心里都有个天使，也都有个魔鬼。魔鬼并不总能出现，因为我们对自己都有一定的约束能力。魔鬼为了冲破这约束，总需要找些借口和理由。

其中一个理由就是，反正已经坏了。

以环境为例，如果完全没有被破坏，人们就会克制自己不去破坏，但是一旦这个环境被破坏了，哪怕只是一点点，那么也会有很多人在内心的魔鬼的驱使下继续扩大这种破坏，肆无忌惮地破坏，直到把这个环境彻底毁掉。

俗话说“墙倒众人推，破鼓众人捶”，就是这个意思。其实刚开始墙并没有倒，只不过有点倾斜，好像要倒的样子，众人却把它推倒了。所谓“苍蝇不叮无缝的蛋”，什么东西一旦有了一点点损坏，就好比鸡蛋有了缝，人心中的那些“苍蝇”就会一拥而上。

这也就是为什么古代女性的贞操很重要。如果一个女子从未受到侵犯，一般人就不会去欺负她。但是如果哪个女子失贞了，就会有好色的流氓子弟骚扰她。这时，如果那个女子愤怒拒绝，这些人就会“理直气壮”地说：“你又不是纯洁处女，还装什么装？”

没有被破坏的、看起来很美的环境，就好比一个处女，一般人是不会轻易破坏的。但是一旦这个环境有所破坏，很多人就会完全不在意它、不珍惜它，只会随意地破坏。

出现这种现象的原因并不全在于破坏性的内心魔鬼，还有一个原因是人的心理有一个特点——看事情往往是两极化的。因此，当一个环境不完美时，人就会把它看作“不好了”，也就常常会完全不再在意和珍惜它，即使它不完美，实际上也还是挺好的。

如果一个景色怡人的风景区中没有人乱扔垃圾，那么游人往往都会自觉地保持环境的清洁，然而，一旦有人乱扔垃圾，把塑料袋、饮料瓶扔到青山碧水之间，那么其他人就会大开“扔”戒，很快就会把这个景区变成一个大号的垃圾场。这与“破鼓众人捶”是同样的道理。同样，如果有一家工厂往河水中排污，那么很快就会有许多工厂跟上。

心理学家把这种现象叫作“破窗效应”，就是说，如果一栋房子有一扇窗户被打破了，那么这栋房子的其他窗户也会很快被人打破。虽然按道理说，某一扇窗户破或者不破与其他窗户一点关系都没有，但是人性就是这样，只要看到一扇破窗，就仿佛得到了可以打破其他窗户的许可。

虽然环境刚开始被破坏时只是“白璧微瑕”，但是在人们的心理意象中，却已经是“破鼓”或“有缝的蛋”了。

因此，要想保护环境，就必须避免这种现象。

最理想的办法，就是避免最初的破坏，即在第一次面临破坏的时候就要大力阻止，不论这个破坏多么小。简言之，就是不能开一个坏的头。如果破坏还是发生了，就要补好被打破的窗。也就是说，**如果发现环境受到了破坏，那么最好尽快修复被破坏的地方**。这样，后面的人就不会看到破窗，也就不会破坏其他地方了。如果修复足够及时，可以事半功倍。

但现实中，这也许未必能够做到。如果一时补不上这扇破窗，怎么办更好呢？

此时必须让别人知道，这个地方是有主人的。这也是一种对环境的改造，即把人们心目中那个破坏了的、可能没有人管理的环境，改变为有主人的、有人管理的环境。

如果一栋房子有一扇窗户破了，而且很长时间都没有人修补，别人就会认为这栋房子没人住、没人管，就有可能打破这栋房子的其他窗户。停在路上的汽车，如果玻璃都破了，却很长时间都没人来开走，那么到最后可能零件都会被卸走。

因此，如果我们能让人明确知道这个地方是有主人的、有人管的，那么即使这里遭到了一定的破损，别人通常也不会继续破坏它。即使有，破坏行为也会大为收敛。就好比一个女子虽然失贞了，但是她的父母兄弟非常坚定地保护她，别人也不敢轻易欺负她。

以风景区为例，如果工作人员很少且地方又太大，做不到随时清理掉垃圾，那么至少要有禁止游客扔垃圾的标志牌，并且设有垃圾箱。除此之外，还要有标明这个地方归谁管理的标志，或者标志着有管理者存在的其他事物（如地图等）。这些看起来和禁止扔垃圾无关的图片、标志或其他事物等，都可以减少扔垃圾的行为。

如果可能，尽量安排人巡视。巡视的人如果发现有人扔垃圾，就必须做出处理，如果发现地上有垃圾，最好及时把垃圾清理掉。即使巡视者人数有限，并不足以清理掉所有垃圾，也不足以处罚多数扔垃圾的游客，但他们的存在本身和他们的行为也给出了这样一个信息——这个地方是有主人的，而这样的信息能大大减少扔垃圾的行为。

因此，要保护环境，不妨举一反三，尝试类似的方法。这也算是一种针对环境破坏行为的心理战，也许你会发现，心理战还是很有用处的。

“公地悲剧”：光天化日之下的环境污染

如果我们站在客观的角度去想，就会感到有些事情匪夷所思。很多严重破坏环境的事情并不是偷偷发生的，而是在很多人都知情的情况下发生的。比如，将有害物质超标几百几千倍的污水偷偷排到河流中，一家工厂里不会是只有少数人知道，而往往是人尽皆知的事情。将被污染的废物丢弃在农田中，也并非几个工人知情。为什么这些见不得光的事情常常发生在光天化日之下？为什么那些知道的人没有一个站出来反对甚至揭发呢？

置身事外的我们想不明白，身在其中的人则有不同的看法。从他们所在的立场来看，那样做并不奇怪。

这其中的第一个心理原因，就是近年来大家耳熟能详的“从众效应”。人少的时候，不论遇到什么事情，在场者总觉得自己需要站出来做点什么。但是如果人多，那么这件事情反而可能没人管了，因为每个人都觉得“这么多人在，用不着我出头”。人一多，责任就分散了，而中国人本来就不喜欢出头，如果人们都这样想，那更没有人出头了。知道这件事情的人越多，人们就越觉得轮不到自己出头。“这么多人都不管，出了事也赖不到我头上”，这是中国人常见的逻辑。三个和尚尚且没水吃，二十万个和尚被渴死也就不奇怪了。

从众，有时候是因为对情况不完全了解。在不太确定情况的时候，人们可能就会这样想：“虽然知道这样不好，但是大家都这样做，是不是意味着问题并没有那么严重？”因为人们都这样想，所以也就都不反对了，甚至跟着大家这样去做了。

如果有人破坏环境，虽然明知这样不对，但是为了一点点微不足道的好处，人们也可能会跟着做。比如，工厂偷偷排污，可以省下一些开支。这些省下的钱，也许有一部分可以用来分给职工作为福利。当良心不安的时候，人们还可以安慰自己：我们所做的只是稍微破坏一点环境，应该不会有大问题。况且也不是我一个人干的，全厂的人都有份。

如果不从众，就会感到有压力。即使不涉及利益，一个人如果做什么都和别人不一样，也是会有心理压力的。与众不同好像就意味着和别人不是一伙的，对于这种团体中无形的压力，一个人往往难以抵御。如果团体的人数多达成千上万，那么一个人要反对所有人，压力太大了。“虽千万人吾往矣”这样的英雄主义精神，可不是一般人能有的。

还有一个原因，就是多数人都没有权力，也就觉得自己没有责任。“肉食者谋之”，这些小老百姓就不要管闲事了。

而“肉食者”则有另外的考虑。环境保护要花费许多钱，他们自己的损失是最大的，这就让他们不愿意改弦更张。而且，一旦工厂收支不平衡，他们就得花费心思解决困难。市场竞争激烈，不这样做的确会面对很多困难。至于破坏了环境，他们也总可以找到办法来为自己推脱。

另一个原因就是公地悲剧。环境是大家的，但收益和支出是自己的。在这种情况下，保护环境的花费得不到足够的回报，而破坏环境的恶果却是大家分担的。从个人利益的计算来说，当然是破坏环境更合算了。

于是，人们陷入了所谓的“公地悲剧”。人性就是这样的自私，公共资源大家都不会用心保护，而只会从中捞取自己的利益。最后的结果，就是公共资源被毁坏。虽然谁都知道这样对大家不好，但是谁都不能改变这个结局。

举个例子，大家来体会一下：假设你和许多人一起被困在一个无人的小海岛上。岛上什么都没有，而且岛的位置非常偏僻，所以不知道需要等一年还是两年才有可能被人发现从而获得救援。幸好大家还有一些食物，大家都知道食物应该省着吃，如果大家都饿着、省着，那么所有人活着等到救援的机会就更大。

然而，如果食物是公共的，而且无人看管，谁都可以随便吃，那么大家还会尽量节省吗？一定不会。因为你不吃，并不能保证别人也不吃，如果你省着不吃，别人却尽量多吃，结果一定是你先饿死，别人却有机会活下去；相反，如果你抢着多吃，别人会省下来给你吗？也不会，因为别人也不想饿死。因此，最可能出现的结果就是，大家都不节省食物，食物很快就被吃完了，之后大家就一起饿死了。可是，就算大家都明白这一点，也都知道不应该这样，但是也没有办法改变。

工厂也是这样，如果我不排污，而别人都排，那么结果可能是我的工厂倒闭，而别人的工厂存活下来了。既然如此，明知不合法，合算的做法还是和别人一样偷偷排污——至少当个“饱死鬼”。

公地悲剧实际上是不可避免的困境。过去所谓的“吃大锅饭”，就是说工资是一定的，干多干少都一个样子。干活多的人，表面上被表扬，但是实际上很招人讨厌——因为他的存在，迫使别人也要多干一点。而工人们偷工厂的东西回家，是一件人人都心照不宣的事情。

因此，现在人们对待环境的态度并不奇怪，与过去对待工厂财产的态度并无变化。

习惯效应也是原因之一。不管一开始觉得多不正常的事情，如果习惯了，也就觉得没有什么。这也是人的一种心理规律。

大家都这么干，而且一直都这么干，人的心里就会逐渐习惯。后来也就不加思索了，觉得这么做也是很平常的。

总之，要想从根本上改变人们对待环境的态度非常不容易。因为只有人的心净化了，对待环境的态度才能改变，而天下最难办的事情莫过于净化人心。虽然如此，我们也不是一点办法都没有，至少治标的方法还是有的。

解决公地悲剧的一个最基本的方法，就是把公地变成私地。一旦成为私人所有，那么所有者一定会更加珍惜、保护环境——实际上，人类创立私有制度，就是为了解决公地悲剧。

然而，有些“公地”没有办法私有化，比如大气层。这就要靠政府监管了。

第一，我们要鼓励那些小小的进步，哪怕只是少用了一个塑料袋。

比如，环保志愿者、宣传者可以对积极有效的环境保护行为加以鼓励。

第二，借助法律法规等方法，可以在一定程度上解决公地悲剧。

如果法律是健全、合理的，而且监管得力，那么也可以解决公地悲剧。因为只要有人破坏大家的环境，就要接受监管者的惩罚。这可以在很大程度上解决问题。

然而，如果监管者腐败，监管就没有效果了。环境破坏者可以通过向监管者支付一定的成本，来“购买”破坏环境的权利。这时，从环境破坏者的角度来说，经济上还是合算的，监管者也是获益的，但是大众的利益是受损的。

终极有效的方法是靠信仰来约束。

如果一个人的信仰不允许他去破坏环境，那么这才是不需要监管就有效的。

古代的各民族大多对环境保护非常重视。原始的信仰在这里会起到很大的作用。比如，“神山”是不能破坏的，年代很长久的树“成精了”不能砍伐，猎杀生育期的动物是犯忌的……这类被称为“迷信”的行为对环境保护意义重大。

儒家并非一种宗教，但也是一种信仰。儒家认为，人们可以为满足生活所需，从环境中获取一些资源，不可避免地对环境产生一定的影响。不过，儒家向来强调，对环境资源的获取要有节制。比如，在春天动物繁育期要避免猎杀，而且不能猎杀带着幼崽的动物。

如果违背了这些规则，儒家认为就会有恶报，比如子女命运会因此变坏等。然而，儒家不是超自然的宗教，所以不会用这些来威吓人们。儒家倡导的是通过从小教育，让人们把“天理”内化为自己的一部分——从小接受儒家教育的人会认为：不该做的事情，就算不会受到惩罚也不能做。之所以不能做，是因为这件事情不应该做，这样做不义。从某种意义上说，儒家告诉我们，不是因为神不让我们做坏事才不做，而是我们自己以神的立场制止自己做坏事。

37

污染入心

我们都知道环境污染对人的身体有害，却未必都知道它对心理也有害；即使知道它对心理有害，也未必知道这种害处有多大。

环境污染带来的污秽意象象征着不健康，这种象征一直潜移默化地侵蚀着人的心灵。人格格外健康的人可以抵御这种影响，就好比身体健康的人可以抵御病菌一样；但是抵抗力不够强的人，天长日久，心理就会产生不良变化。

雾霾

雾霾是近些年最常见的空气污染形态。外观上，雾霾是一种灰色的雾气，又像弥散的烟尘。它的这种形态具有的象征意义是什么呢？我们可以猜想一下，如果一个原始人来到今天的世界，正好赶上严重雾霾的天气，他会认为发生了什么？如果在古代的童话或者神话故事中出现了像雾霾一样的东西，那可能是在什么地方？原始人很可能会觉得他来到了“死神”或者“恶灵”所在的地方。这种灰暗的、难闻的、阴霾的气体，就像死神或者其他邪恶的东西所散发的气息。

雾霾象征的是阴暗的心理。阳光被雾霾遮蔽，象征着快乐被阴霾遮蔽。在原始认知的世界中，一旦某种邪恶力量占了上风，阳光就不再明媚，世界变得阴暗，花儿不再鲜艳，鸟儿不再欢叫，人们虽然还活着，但是生活变得沉闷，这就是心理世界中雾霾给人的感觉。因此，简单地说，雾霾会诱发这样一种心态——抑郁。在雾霾中生活，人会更容易抑郁。当然，现实中一个人会不会抑郁，主要取决于这个人的性格和人生遭遇，环境只是一个影响因素而已，比如在长期雾霾严重的时候，照样有人心情开朗。然而，对于某些本来就容易抑郁的人来说，雾霾对抑郁有推波助澜的作用，这是毋庸置疑的。如果我们静下心体会一下，就能很容易感觉到，雾霾的那种灰暗和人抑郁时的那种心情是非常相似的。

虽然有雾霾这件事情很令人沮丧，但是从环境心理意象的角度分析，雾霾实际上不会诱发很强烈的愤怒，因为愤怒情绪在意象上对应的是“火”，是热的、激烈的，而雾霾是一种灰色的、死气沉沉的气体。因此，雾霾带来更多的是抑郁。在雾霾中，生命变得更加萎靡，人会更加无力。

雾霾包含着一种沉闷的气息，没有变化，没有流动，象征着一种无奈的情绪。如果我们把它放在一个神话中看，那么它一定不是正义和邪恶战斗时的那种令人恐惧又激动的心情，而是漫漫长夜中那种无奈的等待。就像一个死了的星球，没有绿色，没有生命，甚至也没有风雨，只有数不清的石头和灰土，充满了无望感。因此，当人们处在雾霾之中时，很容易产生这样的心情。在雾霾中生活的人，当遇到人生困难时，更容易以一种无奈的、坐以待毙的方式来对待。

只有风来的时候，才能吹散雾霾。风的象征就是改变，只有当生活中出现一些外在的改变，人才能摆脱这种雾霾一样的消极情绪。

水污染

河流、湖泊被污染后，我们能感受到的是水变得浑浊肮脏，发出臭味或者刺鼻的气味。

水最主要的象征意义是那些滋润性的感情，如母爱、亲情、友情或爱情等。当我们品尝甘甜的泉水，会联想到母亲的乳汁；当我们泛舟水上，最容易体会友情的亲密。古代大文豪苏东坡就曾和朋友泛舟在赤壁边的江水上，如今的人们也常常和朋友泛舟湖水上，那种感觉和在陆地上是完全不同的。大海边更有浪漫的感觉：泰坦尼克号上的那对情侣站在船头张开双臂，我们都感觉很美，如果他们不是在海上，而是在高楼顶上张开双臂，感觉就完全不一样了。可见，水是爱的象征之一。

水当然也是生命的象征。没有水就没有生命，所以科学家要想知道火星上有没有生命，首先就要探测那里有没有水的存在。江河如同大地的血脉，滋养着生活在这片土地上的生命。

因此，水污染一是象征着感情被污染，二是象征着生命被毒害，象征着灵魂不纯洁，象征着丑陋和病态。

水污染对人心理的影响，最主要的是人在感情方面不再纯洁。沈从文在《边城》中描写的翠翠有一颗很纯洁的心，生活在清澈的河水边。在河水完全污秽之后，翠翠这样的人也就极为少见了。在家庭中，水污染代表着亲情破坏，父母把情绪垃圾扔给孩子，孩子也对父母发泄怨气。夫妻之间没有纯粹的爱，而是掺杂了种种算计。婚外恋、滥交，以及各种心理不健康的性行为，都是水污染的表象。都说女人是水做的，因此人们会在潜意识中把性行为不洁的人（如妓女）视为脏水。朋友之间，水污染则象征着友谊越来越功利化，所谓的“坑熟”就是精神领域的水污染。

水污染还象征生命被毒害，因此，从象征意义上分析，水污染的一个后果是，人们会做出更多毒害别人和自己的事情。种粮食的滥用农药，做食品时使用有害的添加剂，装修时使用劣质有害的材料等，都是这种毒害的例证。网上那些“键盘侠”用污言秽语来攻击别人、骂人、说脏话等，实际上也是一种水污染。这些人并非真的对他们所攻击的对象心怀仇恨，只是因为自己心中有很多污秽的情绪，所以需要用这种方式来发泄。从象征意义上看，这就和工厂排污是一样的道理。

因为生命中的一切都离不开水，所以水污染象征着一切都被污染，整个社会的各个方面都走向道德沦丧。我们近年来听说的各种道德滑坡的事情，从心理层面上来看，都和水污染有一定的间接联系。

土地污染

土地象征的是根基，像母亲一样无条件地滋养万物。

土地污染象征着生命的根基被侵蚀，心灵的深处被毒化，所有本应该滋养我们的，都变成了毒害我们的。

土地污染所带来的结果不像雾霾和水污染那么直观，我们可能看不出土地的样子有什么明显的变化，但是土地污染的不利影响却比雾霾和水污染更持久并且更难以被消除。

土地污染对人的精神影响，就是破坏一个人基本的人生信念，侵蚀一个人的行为底线。近些年来，新闻中时常报道的一些跌破底线的恶行、过去我们想都想不到会有这样坏的人，这就是精神领域的土地污染。

土地污染侵蚀生命的根基，表现在行为层面就是，一些过去被大家公认的不道德的事情，现在似乎已经习以为常，不觉得是什么问题了。这种习以为常会使得没有人试图去改变它。于是这些不道德的行为就将稳定地保留在我们的心中，逐渐成为性格的一部分。

因此，土地污染对人的心理的消极影响是最危险的，而且需要很长的时间才能消除。

还有一种土地污染是地表污染物，比如塑料袋、化学制品垃圾等，这些东西和土壤中的有毒物质不同，是可以被看到的。在象征意义上，它们象征可以被解决但是在现实中并没有解决的那些问题。相对来说，它们的危害要稍微小一点。

治疗

我们如何才能减少或者消除污染所带来的心理影响呢？

最有效的方式就是消除环境污染，让天更蓝，水更清，土地更干净。

如果不能立刻消除污染，那么不妨退而求其次，学会如何在环境不尽如人意的时候减少其对心理的消极影响。

有一种方法，大家其实已经在本能地运用了。那就是，在某一天完全没有雾霾、天蓝云美时出门去看一看天空，呼吸一下外面的新鲜空气，并拍一些漂亮的天空的照片。

在这种好天气出门时，可以大口呼吸，并想象自己肺里的浊气被呼出去，吸进来的都是清洁的空气。呼吸的同时一定要想象，即使同样是呼吸新鲜空气，有想象和没有想象的效果也会非常不一样。当然，最好是去公园做这样的活动。如果是在车来车往的马路边，那么即使是这样的好天气也不适合深呼吸。天朗气清的时候，拍照也是很有好处的，因为拍照能把你看到的美丽天空定格在一张照片上，你以后也可以看到，而且每次看到都会对你有一些积极影响。

在水污染方面，我们很少有机会看到身边被污染的水域突然变得清澈。因此，治愈心灵的一种方式就是去水源清澈的地方旅游。比如，九寨沟的水非常清澈，因此那是一个疗愈性很强的地方。海水非常清澈的海滨也是疗养的好地方。旅游时人们当然也会拍照，一定要把清澈的水拍进去。旅游回来之后，不妨把这些照片放大后挂在墙上——越大越好，因为照片越大，视觉中的水域面积就越大。

因为水和感情有关，所以去这些地方旅游的时候，最好和亲人、恋人或朋友一起去，和他们一起合影，并且把合影挂在家里。我们不建议和婚外恋的情人在这样的地方合影，这不是出于道德规范，而是出于环境心理学的考虑——婚外恋象征着不单纯，所以从象征意义上说并不适合“纯净”的水体。另外，婚外恋的照片是不适合挂出来的，所以也起不到积极的治疗效果。

关于土地污染，我们还可以通过清理家周围的环境，减少可见的地面上的污染物来改善。还可以到原始森林、草原或其他有清洁土壤的地方去旅游。旅游时可以做这样的练习：稳稳地站在地上，在想象中让自己的脚生根，让这根深入大地中，想象自己身体中的浊水顺着脚下的根排出身体，流到大地中，大地中的清水又顺着脚下的根吸收到身体中来。

做这个练习的前提是，你明确地知道这里的土地没有污染。如果土地被污染了，那么做这样的练习就会给你的身体和心理带来一些损害。

总之，**在环境好的时候或者环境好的地方，我们要多吸收积极的情绪能量和精神能量，这样就有充足的心理能量储备，让我们能够应付那些不良的环境。**

38

我们该怎样放生

关于放生的历史源流就不细说了。简单地说，文献记载中商汤“网开一面”的故事说的就是放生，春秋战国时期也有不少关于放生的记载。后来，受佛教的慈悲和众生平等观念的影响，放生发展为佛教信徒的常规活动，并且有了专门的放生池以及在佛教节日放生的惯例和放生的仪轨，放生的数量和规模也因而大大增加。虽然放生这种活动有过间断，但是总体上看，可以说一直延续到了今天。

虽然总的来说，放生一直被视为一种善行，但是当下却有很多放生活动遭到了非议，而且这种非议越来越多，甚至影响到了佛教在众人心目中的声誉。非议的起因是有些放生行为对生态环境有所破坏，造成了动物的大量死亡，威胁到了人们的生活。为了区别于人们普遍认可的那种放生，人们习惯于把以上这些行为称为“不合理放生”或“盲目放生”。

不合理放生破坏生态环境

对生态环境危害最大的是放生外来物种。一个地方原来的生态系统中有一个平衡的生物链。这个生物链中的生物之间相互制约，但谁也不能消灭谁。然而，外来物种的出现很有可能打破这个平衡。外来物种在新的环境中没有天敌，而面对全新的外来物种的威胁攻击，本地物种很可能尚未形成应对能力就已经被大量消灭甚至灭绝了。一种本地物种的大量消失或灭绝，可能会在生态系统中带来连锁反应，从而破坏甚至有可能摧毁这个生物链。

放生巴西龟、鳄龟、罗非鱼、清道夫鱼、福寿螺等外来物种，都有可能给生态环境带来严重危害。但是近年来，放生这些外来物种的人越来越多。比如，一位外地游客曾试图在千岛湖放生 350 多只巴西龟，幸而被发现并制止，否则后果将不堪设想。放生某些外来物种，就像是在人群中释放恐怖分子，或者释放生化武器。

放生造成大量死亡

作为正式活动的放生，放生的动物往往数量巨大。这样大量的被放生动物，不会是偶然刚巧路遇的。有一种情况是，有人专门捕捉动物，卖给放生者。近些年这种情况越来越多，甚至形成了专门的产业链。有人组织放生，有人负责购买，有人根据放生的需要去捕捉。在捕捉的过程中，在销售、运输的过程中，以及在放生进行的过程中，都可能导致动物死亡。有人估计过，每放生一只活的动物，放生过程中会造成大概 9~10 只动物死亡。另一种情况是，专门购买养殖场人工养殖的动物去放生。这种养殖动物，几乎完全没有在自然界生存的能力。吃饲料长大的它们，也许根本就不懂如何觅食，所以死亡率出奇地高。再加上有的放生者把淡水鱼放进大海，或者把咸水鱼放到湖水中，有的把只能在南方生存的动物放到冰天雪地的北方，或者把大量动物放到没有足够食物的山上……这些放生行为，简直可以说十分残忍。设想一下，如果外星人把人类从家里抓走，经过九死一生的磨难，最后放生到大沙漠中或者原始森林里，那么这些被放生的人会有怎样的感受？

威胁人类

有的物种被放生后，会给人类的生活造成巨大的困扰甚至威胁。比如，曾经有人在村里放生几百只老鼠。虽然老鼠胆子小、不敢伤人，但是它们不干净，很有可能传染疾病。

有人几百只地大量放生狐狸、獾等动物，它们会咬死农户家养的鸡鸭，也是让人很头疼的事情。

更威胁人类的是大量放生毒蛇。近几年，已经多次有人放生毒蛇了，而且有些还是在人类活动密集区，如公路边、村庄或者风景区的山上。这让其他人情何以堪，这是放生还是杀生呢？《中国青年报》社会调查中心做过一项 2000 人规模的调查。81.6% 的受访者强调放生不得干扰当地生态环境，61.5% 的受访者认为违规随意放生并不是一种善行，83.8% 的受访者支持对造成严重后果的随意放生行为进行追责。调查结果还表明，63.2% 的受访者最不能接受放生狐狸、眼镜蛇等危险物种，61.4% 的受访者不能接受不顾动物能否存活的放生行为，60.9% 的受访者不能容忍不顾当地居民环境安全的放生行为，55.5% 的受访者提出不应放生巴西龟等外来物种或濒危物种，47.4% 的受访者表示不能接受购买大量野生动物再放生的做法。

非议者怀疑，有些放生活动的组织者是为了敛财才大肆推广放生活动，并且把放生活动做得不合情理。佛教提倡放生是源于慈悲，但是现在的放生乱象甚至让人对佛教产生了不好的印象。

那么，人们放生是出于什么心理呢？

心理健康的人放生，是出于对其他生命的同情、怜悯等心理，这种心理也是人天生就有的。比如，齐景公有一次掏鸟窝，发现里面的鸟很幼小，就放回去没有抓，晏子因此而称赞他有仁爱之心。商汤看到用网捕鸟的人从四面围上来网鸟，认为这样太残酷，所以去掉了其中一面的网，这也是出于同样的心理。梁武帝提倡素食，买动物来放生，也是同样的心理追求。除了这些有名的人，还有大量籍籍无名的百姓，他们放生也是出于这样的心理。心理学家发现，当人看到别人或别的动物痛苦的时候，会刺激大脑中的镜像神经元，于是自己也感到很痛苦，这是人的同情心的根本。出于这种心态，人会去帮助别人或别的动物，这种行为会增强人的道德感，对社会和个人都是有益的。

个别时候，同情心可能也会有害。比如，有人看到蝉在挣扎着脱壳，非常艰难。出于同情，他就帮助蝉把壳剥开来。结果发现，没有经过足够挣扎的蝉会缺少生存的能力，很快就死去了。但不管怎么说，这种人的心理是健康的，只不过需要掌握更多的常识，以免好心办了坏事。

佛教进一步认为，只有这种同情心、恻隐心还不够，最好把这种心进一步提升为慈悲心，也就是希望众生都能彻底摆脱痛苦的心。

然而，还有很多放生者虽然标榜自己的慈悲心，但实际上不过是功利之心。

他们相信放生可以获得很多的功德。在他们看来，这种功德似乎是一种兑换券，可以换来很多的福报，比如有病可以痊愈，有灾可以避开，有财富可以获得。这可以说是一种佛教中的“方便法门”，但并不是真正的佛法。因为这种说法把功德实体化了，违反了空性的原则——我们在这里只说环境心理，对佛法就不加评说了。有的佛教弟子认为，有些人因为相信可以获得福报而去放生，总归是一件好事，但是实际上却未必如此。

上面所说的那些对环境有破坏的放生或不合理放生，绝大多数是出于这种功利之心。

不合理的放生往往会造成大量的动物死亡，而那些真的是出于慈悲、同情或怜悯之心放生的人，必定会感到不忍心。他们若看到笼中的鸟或者桶里的鱼垂死挣扎的样子，也必定会感到痛苦，而不会沾沾自喜地认为自己积攒了功德。早在战国时期，《列子》一书中就有这样的故事：正月初一，百姓献鸠鸟给国王，让国王去放生。有人告诉国王，如果民众知道国王想放生，就会去捕捉动物献给国王，这样死的动物就更多，不如禁止捕捉。可见，**与其**

放生，不如不捕捉，这个道理古人早就非常清楚了。

有人用神秘化的方式解释说，这些动物死了也不要紧，只要先念咒或者念经，然后再放生就可以了。如果是这样，我们又何必放生呢？我们只要在蚂蚁窝的旁边念咒或者念经不就可以了吗？

如果是出于功利心，就不会觉得不忍心，所以才假装不知，购买那些专为放生而捕捉的动物，甚至为了放生预约购买。

这些人之所以在放生的数量上求多，正是因为他们认为，功德的大小是根据放生的数量来计算的，放生得多则功德大。

之所以有些人放生一些危险的、对人有害的动物（如毒蛇），是因为他们听说放生毒蛇的功德比放生一般动物更大。功德在他们心中是有面值的兑换券，所以面值越大越好。

以这样的功利之心放生，实在不好。

其实，如果我们真的是出于同情心，不忍心看到动物丧生，那么有不少方法可以帮助这些动物，同时也有利于环境。

比如，我们可以偶尔放生一些有生命之危的动物。

我们还可以参与动物保护。目前，我国需要做的动物保护工作很多。比如，青海的藏羚羊偷猎行为需要制止；每年候鸟迁徙的季节，有人会在湖北某些山区布置大量的挂网，让迁徙的珍贵候鸟死于非命；还有些渔民用网眼细如蚊帐的网，大量捕杀很小的鱼苗，而这些鱼苗甚至都无法卖给人吃，只能用来做饲料或肥料。我们可以捐款支持动物保护组织，让他们去保护这些动物。

当然，从事动物保护工作是很困难的。这不是人人都可以做的，而是需要专业的知识，而且可能还会触犯某些人的利益，所以做这些事情很难。

然而，做这些事，既合法，又合理，还对环境有益，难道就没有功德可言吗？当然有，只不过我们没有办法计算功德有多少而已。

作为心理学家，我希望有心人（特别是出家人）能反复告诉大家，**动物保护等于放生，也是功德无量的**。这样，即使是出于功利动机的放生者也可以做一些对环境有利的行为。心理学认为，行为上的改变会反过来带来思想上的转变，因此，人们完全有可能将功利心提升为真正的怜悯心乃至慈悲心。

如果放生者都能改用环境保护的方法来“放生”，那么我们可以预期，天空中的候鸟会增多，海洋中的鱼类会增多，那时的自然界，岂不是多了很多的美好？而那样美好的环境，不也能给人们的心灵带来滋养和喜悦吗？

39

少一些包装，多一些幸福

过度包装是当下有害环境的行为之一。

现代商品的包装之精美豪华，有时甚至能让人叹为观止，包装的材料也颇为奢侈。一盒食品，比如月饼或糕点，本身成本并不很高，但是包装却使用实木、丝绸、金属等材料精工制造，包装成本可能远高于商品本身。再如一瓶酒，酒瓶可能已经算得上是工艺品了，但还要装进一个豪华的包装盒中。有的商品则被层层包装，耗费了大量资源，间接造成了环境的破坏。这些包装最后绝大多数都被随手扔弃成为垃圾，不仅加大了垃圾处理的难度，又损害了环境。如果大家都这样做，制造的垃圾总量就可以说是多到不可思议。

对于经营者来说，过度包装有利可图。因为有些商品的价格并没有一个确定的标准，包装好，商品看起来高档，对消费者的吸引力大，就可以大大提高价格。这样算起来，包装所花费的钱完全可以收回来并且有余。浪费资源、增加垃圾，只不过是这种赚钱活动所带来的副作用而已。

过度包装对消费者来说则没有什么好处，因为过度包装所产生的成本归根结底是消费者买单。因此，如果多数消费者都能看清过度包装的弊端，不去买过度包装的商品（因为包装成本高，价格也更贵），让经营者觉得过度包装无利可图，就会减少过度包装了。这本来是件好事，对消费者来说，不仅能省钱，对环境也有很大的好处。但在现实中，大多数消费者并没有做这件对自己有利益的事情。

因此，环境心理学家可以把研究思考的重点放在消费者身上，想一想为什么消费者愿意花更多的钱来购买过度包装的东西。

当然，最直接的原因是过度包装的确好看。赏心悦目的东西，人们当然喜欢，这是人的本性。包装设计者都学过艺术，还可能懂得知觉心理学的原理，投其所好为消费者设计，当然不会没有效果。消费者这种喜欢漂亮东西的本性是改不了的，所以我们不能从这里想办法。

按理说，消费者应该都是喜欢省钱的，如果能让他们意识到，购买过度包装的商品就是在花钱来购买根本不需要的、拆封后就要扔掉的东西，那么是不是就可以让他们拒绝过度包装了呢？有时也许是，但有时候并非如此。有时，消费者也需要过度包装，愿意为之花更多的钱。

比如，如果消费者买一个东西是为了作为礼品送给别人，那么他就会需要更好的包装。因为包装好，才会感觉更有面子。中国人注重面子，为了面子去花钱，他们是愿意的。因此，那些常常作为礼品的东西，如月饼、酒、营养品、高级保健品以及化妆品等，即使过度包装，消费者也是认可的。现实中，这些东西也的确是过度包装最严重的。

作为礼品，我们不希望它太便宜。因为礼品的价格是衡量送礼者诚意的一个最简单的指标，所以太便宜的东西不适合送礼。所以礼品不是越便宜越好，而是要符合送礼者的需要，价格贵一点，送礼的人更有面子。而一个东西要卖得更贵，就需要有更贵的理由——昂贵而奢华的包装就是一个鲜明可见的理由。收到礼物的人往往通过礼物的价格来衡量送礼者的诚意，即使包装被扔掉，只要它成功地传达了送礼者的诚意就是物有所值了。

在这种情况下，如果我们希望减少过度包装对环境的破坏，我们可以做什么呢？

我们必须让一个商品在使用更环保的包装或是更少的包装的同时，还让人觉得它很有价值，值得更高的价格。也就是说，减少包装并降价，这万万使不得。必须保证原有的价格并找到一个理由，让这个价格能被大家接受。

如何才能既减少包装，又能让一个东西卖得更贵呢？**最理想的方法，就是用故事来包装**。用一个故事来说明这个东西很特别，如果成功了，就能提高这个东西的价格了。生产一个故事不需要耗费自然资源，只需要凭借人的才华和创造力，过后也不会产生垃圾，因此这是最好的方法。例如，送礼者到商店买一瓶普通蜂蜜，价格不过几十元，作为礼品非常普通。如果买一瓶包装极为精美的“精品蜂蜜”，需要几百元，作为礼品可以拿得出手了，不过包装可能用了原木、铝和高质量瓷土，耗费了许多资源。如果送礼者送的是一块用芭蕉叶包裹的、很原生态的蜂蜜，然后告知收礼者，这是云南佤族（或者别的少数民族）地区特有的某种蜜蜂酿的蜂蜜，有美容抗衰老（送给年轻女性）、营养保健（送给老人）等神奇功效，那么也是非常拿得出手的。

不过，作为规模性销售的商品，仅仅是创造故事是不够的，还需要把这个故事传播开来，而且要让大家都相信，这也是需要花费成本并耗费一些资源的。幸而，这个过程在如今的电子时代可以利用网络完成，所以未必会耗费自然资源。

如果在这个基础上能创立一个品牌，就不需要用包装说话了。因为品牌在人们心中的重要性可以让一个产品更值钱，而不需要更多的包装。如果把人也比作商品，那么扎克伯格就算穿的只是 10 块钱一件的套头衫，大家也觉得他比那些穿着名牌西装的白领的身价更高。

如果做不到这些，就可以想办法在材料上下功夫，把包装材料换成一些不耗费自然资源也不会产生不可降解垃圾的材料。这样，虽然包装还是显得很豪华，但也不会不利于环境。同时，还可以将使用环境亲和性材料作为商品的卖点去打广告，从而保证产品的高价格。

对于非礼品类的商品，理性的消费者并不喜欢过度包装。不妨通过公益宣传，提醒大家不要被“外表”所诱惑，从而减少人们对过度包装商品的选择。

此外，如果在环境教育的影响下，人人都以环境保护为荣，就会更多地选择那些包装相对简单的商品了。而爱护环境的意识，也会引导经营者想办法减少包装过程中的资源耗费——其实，如果用心，即使不用贵重的材料，也一样可以做出有吸引力的包装。

展开一点说，过度包装这个现象本身也是当下的时代精神的一个象征。在商品社会中，销售是商业成功的关键。而销售的要点之一就是要有好看的外表，内在品质反而只占一个次要的地位。因此，这个时代就是一个包装的时代。何止是商品被过度包装，实际上每一个人都被“过度包装”了。推销员在接受培训时，推销商品首先要推销自己。应聘，也是一种推销，所以人们都知道应聘的时候要“包装”自己。整容越来越普遍，也无非是一种对外表的包装。在这个一切都多多少少是商品的时代，人也需要越来越多地包装自己。

俗话说“人要衣装，佛要金装”，人在社会上生活也需要包装。好的包装可以彰显一个人优秀的内在品质，同时掩盖一些瑕疵，有利于适应社会。然而，如果一个人过度包装自己，那么也会出现问题。因为人的精力是有限的，过度注重包装就会忽略实在的内在品质，可能导致“金玉其外，败絮其中”。过度包装也会使人变得不够真诚，虽然能在社会上适应得更好，却会感觉失去了自我，对心理健康也不利。

商品的过度包装和人的过度包装也有关系。当一个人过度包装自己的时候，也会给商品过度包装。反过来，习惯了商品的过度包装，也就更习惯对自己过度包装。

对人的过度包装，虽然不会破坏自然环境，却容易让人失去内心的本真。如果为了适应环境的需要而过度包装自己，天长日久就会迷失自己，忘记真正的自我，忘记自己真正要的是什么。心理学家弗洛姆指出，在商业社会中生活的人容易形成一种“as if”（好像）人格，他们可以表现得很适应社会，但是内心越来越空虚。这是一种对环境的破坏，也需要治理。

少一些包装，反而会多一些幸福。

40

女性更路痴吗

按照当代人的习惯，什么都是一种“商”：智力高低是“智商”，情绪处理有“情商”，有无灵性是“灵商”，耐受挫折是“逆商”，那么，认不认路就应该叫作“路商”。如果谈论起“路商”高低，人们普遍认为女性的“路商”更低，也就是说，女性路痴更严重。

开车的人对此应该最有体会。有些女性开车十几年，但是对自己所在城市的道路还是无知得令人（特别是男人）吃惊。我不止一次听女性朋友说，她们只认识一条路，那就是从单位到家的路，其他的路一概不知道开车怎么走。当然，我对此不是很相信，因为我估计她们至少还应该知道去买化妆品的路。不过，她们知道的路显然不是很多。多年前，我的一个好朋友在她的城市开车载我从一个地点到另一个地点，我发现她走的路好像不对，于是忍不住问她怎么回事。她既不是出租车司机，绕道并不能多收费，也不是人贩子，不会打算把我卖到深山。那么，她绕道的目的是什么呢？她回答说：

"我只知道从市中心去那里怎么走，所以我得先开车到市中心，然后再去那里。"这答案把我惊到了，如果在北京，要从北京大学去清华大学，那么按照她的方法，就需要先从北京大学到天安门，然后再从天安门去清华大学。

女性在走路的时候也比较路痴。我太太就是个超级路痴，如果满分是100分，她的"路商"估计应该在50分以下。为了家庭和睦，我在此就不举例了。总之，有很多女性的例子表明，除了在商场中不容易迷路之外，女性迷路的概率简直高得令人咋舌。

当然，我们也知道，不同的女性不一样，有一些女性在认识路这方面不亚于男性，甚至比男性还强。但是经验告诉我们，从总体上来说，女性在这个方面的表现似乎的确不如男性。

不过，我身为男性，洋洋自得于自己的"路商"高。作为一名环境心理学家，我不得不说一句公道话：仅凭我们普遍观察到的这样一些现象就得出结论说女性"路商"低，其实是缺乏根据的。

因为要想测量男性和女性的"路商"高低，就必须确定测量的方式和标准。不同的测量方式、不同的标准，得出的测量结果是不同的。这就和智商测量是一样的道理，如果智力测验中有很多关于汽车、飞机的知识，那么城市小孩的分数就可能更高；如果测验中有很多农业方面的问题，那么农村小孩的测验结果就可能更好。要想得出准确的测量结果，就必须想办法尽量公平。

也许女性表现出来的路痴，并不是因为女性的"路商"真的更低，而是我们用来比较的那些事情和评判标准对男性更有利，而对女性更不利。女性在城市中更容易迷路，也许并不是因为女性更路痴，而是因为现代城市的设计和建造方式比较不适合女性，而比较适合男性而已。我觉得这是很可能的，毕竟多数楼房、道路的设计师都是男性，所以他们的设计会不自觉地带有男性的特点，而忽略了女性的需要。

从进化心理学的角度看，男女之所以有差异，是因为在远古时代相当长的时期内，男女之间存在一种分工机制：男性负责狩猎，女性负责采集。狩猎和采集这两种不同的活动，深刻地影响了两性的行为模式和认知模式。比如，男人在求偶时采用的态度犹如狩猎，所以叫作“猎艳”；而女性则更多的是等待和选择，仿佛等着果子成熟。再如，男性喜欢激烈竞争的游戏甚至战争，就像狩猎一样；而女性则喜欢到商场中挑挑拣拣，就像是远古时代的女性在草地上采集食物。

在和认路有关的方面，男女的差异也可以这样理解。

男性在狩猎过程中，迅速而精确地判断方向和路径是非常重要的。因为他们大多是围猎，需要团队密切配合。如果其中有人迷路，那么整个团队的狩猎都会因此而失败。此外，狩猎必须到很远的地方寻找猎物，而且猎物不可能待在一个地方不动，而猎物逃跑的时候更是完全不可能预测其方向。因此，对男性来说，认路的能力更重要，并且在进化过程中强化了这方面的才能。

女性负责采集，她们所去的地方往往离住处比较近，而且她们很少去陌生的地方。她们的活动范围通常只是一些熟悉的地方，在果蔬成熟之前要记住位置，到了果实成熟的季节就可以去那里采摘了。

从狩猎与采集的要求来看，男性的确需要更高的“路商”。

不过，**男女之间认路能力的差别，更多的不是量的差别，而是质的差别**。

男性认路的过程，相对来说更加抽象，注重整体而不是细节；相反，女性认路更加具象，注重细节，但整体性比较弱。

这是因为，男性在围猎时不可能在紧迫的时间内注意太多的细节。一头鹿长什么样子不重要，反正抓住了都可以吃。但要想抓住它，就必须迅速抄近路堵住它才行。女性在采集的时候，却有充裕的时间去观察细节。男性围猎通常是在相对来说更加陌生的环境，女性采集则是在比较熟悉的环境，因此女性可以发现更多的环境细节。可以说，**男性在认路时，脑子里会构建一个区域的全景式的概略图，而女性则更多是依靠一些标志物**（如一棵高大的树，或是某条溪水边的一块形状特殊的石头等）**来认路**。

到了现代，男性认路时依然更多的是依靠脑子里的简要地图："在第三大街和建设路交叉口右转，然后向前走到前进路左转。"而女性则还是习惯于利用那些有用的地点标志物："走到那个百货商场右转，然后向前走到比萨店左转就到了。"因此，男性比女性更喜欢用地图，而女性更喜欢依靠实地行走中留下的记忆，或是发挥女性的社交优势，去问别人怎么走。环境心理学家比较后发现，男性更关注路径的结构，女性则更关注街区和地点的标志物。如果双方都用自己的方式来认路，那么最后得到的精确度其实差不多。也许这说明了这两种方式并无高下，只不过是有所不同。

现代城市道路中的各种指示标牌，包括路边的小地图等，对于男性来说更加有用，而对于女性来说用处则要小一些。因此我们可以说，现代城市中为男性认路提供的便利要多一些，也就难怪女性的路痴会显得如此明显了。女性在城市中认路，可能更多的是依靠记忆中那些可以作为标志的建筑等。如果城市日新月异、经常改造，认路对于女性来说就会格外地难。其实，如果想让女性不再显得那么路痴，也还是有一些办法的。比如，可以在不同的街道创造一些小的差异，比如不同的路灯、不同的地砖、不同的栏杆等。这些差异男性未必会注意到，但是对于女性来说却是很好的辅助认路工具。我觉得至少可以先在公园、博物馆、商场等地方用这样的方式帮助女性，然后逐渐推广至更多的地方采用，这样，城市就会更加宜人，或者说更加"宜女人"。毕竟，女性占了几乎一半的人口，让她们更方便、更少迷路，还是相当有意义的。

41

在网络信号的有无之间找平衡

对于现代人来说，环境中和阳光、水一样不可或缺的要素之一就是网络信号。不仅家里一定要有 Wi-Fi，工作场所中当然也要有，其他各种地方也都要有。饭店中只有饭菜是不行的，还必须要有网络信号，因为吃菜之前必须要拍照片，就像过去有些宗教要求教徒在吃饭前要祷告一样有必要，而且拍了照片后还需要立刻发到网上给别人看——因此，没有网络信号的饭店就几乎没有办法光顾。旅游景点也需要有网络信号，这样才能把旅游中所拍的照片上传。医院也需要有网络信号，不论是病人还是家属都常常需要用上网来打发时间。网络生活是如此不可或缺，因此对于大多数人来说，没有网络信号的环境几乎是没有办法生活的——简直如同精神生活中的沙漠。

网络信号的存在，的确开阔了人的精神世界。我在一个地方吃饭的同时，也和几百个微信好友一起，生活在同一个网络环境之中。“千里共婵娟”只能安慰异地生活的亲友，让他们在想象中共同赏月；而“千里共网络”则可以更真实地让异地的亲友分享自己的所见所闻。因此，有网络信号的环境是一种可以让众多亲友即时交往的人际环境。我们可以想象，我们和微信中的所有好友仿佛都是日日夜夜生活在一个互相能在一定程度上看见对方的环境中。从其积极的一面看，这样的环境似乎可以最大限度地有利于社交，并且避免孤独。“独在异乡”没有关系，“西出阳关”也没有关系，只要有网络，人与人之间真的是“天涯若比邻”。因此，网络大大方便了人际交往，减少了人际交往的成本。在几十年前，一个人想认识另一个人，需要行走几十甚至几百里路才能到那个人所在的地方，需要有人介绍相互认识，需要一起花钱吃饭或者做某种活动，也许还需要花钱买一些礼物等，其成本是很高的。而现在我们所需要做的只是“添加朋友”，然后就可以在网络上进行所有的交往活动了，成本和过去相比低到几乎可以忽略不计。人人都有人际交往的需要，因此人人都会感受到网络所带来的便利。

然而，任何新事物都有利弊，而且有些弊端存在的原因也恰恰是其利所致。比如，网络环境方便人际交往是其利，但也恰恰是因为人际交往变得便利而带来了一些弊端。

由于网络信号实现了即时交流，因此人们越来越不能忍受等待之苦。人们要马上把自己的东西传出去，也要马上得到回馈。现代人很难想象以前的人（不是古人，这些人现在也还活着）要用书信来和朋友交流，并且要等待十几天才收到对方的回复。更不用说那些古人，可能需要几个月才能收到一封书信。“不能忍受等待”这种特质，对人来说往往是弊多利少。因为在人生中很多其他的方面，我们依旧必须等待。种子种到土里，依旧需要一段时间才能发芽；做一件事情，依旧需要过些时日才能见到效果；创业，依旧需要几个月或者几年才能知道我们的做法是不是正确；建立一段深入的爱情关系，依旧需要几年的时间才能完成磨合，真正地相互理解。

有人做过一个心理学实验，让几个小孩进入一个房间中，桌子上放上他们爱吃的糖果，然后告诉孩子们：“如果你们能忍住不吃，过一会儿我回来就会给你们更多的糖果。”有些孩子不能忍耐，于是就把桌上的糖果吃掉了。

其他孩子则能够忍住不吃，从而得到了更多的糖果。心理学家发现，这些能忍耐的孩子长大之后往往在事业上更加成功。道理很好理解，因为能忍耐，做事的时候才不会短视，不会只顾眼前的利益，不会计较一时的得失，而会着眼于长远的未来。

因此，**网络信号的便利所带来的一个弊端是，它削弱了一个人完成更大的事业、获得更大的成功的能力**。我们在现实中的确会发现，现在的人做事更缺乏耐心，凡事都希望能够速成，而不愿意付出长久的努力。

感情也是一样，许多人没有耐心去建立深入的关系。人们更多地维持短期的关系，而不是追求长久的爱情，也减少了进入婚姻的欲望。即使是进入了恋爱、婚姻关系，也会因微小的挫折而轻易放弃。

环境中的网络信号便于人们进行更多的人际交往，并且可以跨越地理的障碍，让远在千里之外甚至异国的人交往。这当然是一件好事，能让人们的生活更加丰富、快乐。然而，有一利必有一弊，太多的人际交往会导致交往变得肤浅，太多的朋友也使得我们对每一位朋友都不能投入太多的时间。可能会出现的一种情况是你会发现自己在各种领域都认识一些人，但是在内心深处，却连一个交心的朋友都没有。

太多的交往也会耗费时间，耽误其他事情。很多人早晨一醒来就先摸手机，晚上睡觉前也要先看一会儿手机，白天也是过不了多久就惦记着看看手机。一天下来，我们用在手机上的时间，也许比我们用在工作上的还要多。有网络信号的环境，就这样让我们变成无所事事的人，或者说变成工作效率很低的人。而那些网上的信息其实大多数都并没有多少意义，既不能有助于我们的事业，也很少是非常好玩且能给人带来享受的。

虽然有网络信号的环境有利于交往，但是其交往形式并不自然。人们并非面对面地用语言、姿势和动作来交流，而是在各种电子设备（如手机、电脑或者以后出现的谁知道什么东西）上来交流，交流的形式受限于这种电子设备。比如，在手机上，我们很少直接看对方的表情，而是看“表情包”。

而在面对面的交往中，我们会识别对方的表情，有的人还会识别微妙的表情变化，从而对别人的心理有一个感性的理解。不过，我们在手机上通常不会这样做，而只是通过那些代表表情的符号来判断对方的态度，这就使得我们很难准确地体会对方的心情。长久以后，人们对表情的识别能力就会有所减弱，这也导致人与人的交往进一步肤浅化。此外，在手机上交流得太多之后，人们会对面对面的交流产生轻微的社交焦虑。现代人存在这样的奇特的交往现象：两个人在同一所房子里，却不直接说话，而是用手机发送信息来交流。产生这种现象的原因就是长期依赖手机，导致面对面的交流能力弱化，当面说话反而会感到不舒服、不自在。

然而，即使我们意识到了网络人际交往的缺点，也难以回避这种交往方式。毕竟他人期待我们在网上可以很迅速地做出反应。如果我们不按照这种期待去做，那么对于别人来说多多少少是一种不礼貌或忽视。在有些企业或单位，由于网络信号的存在，上级管理者的控制欲望更有机会实现。比如，有些管理者要求员工下班后保持手机开机，而且在下班时间也要通过网络处理一些工作问题。我听说过的最极端的例子是，哪怕是夜里，员工也必须在一小时内回复领导的信息。可见，网络信号的存在使得人的休闲环境被全面剥夺，所有有网络的地方都成了工作场所，而所有的私人时间也都成为潜在的工作时间。这样，人的心理就会一直保持应激状态而不能松弛，长时间之后，这些人的心理健康和身体健康都将受到极大的伤害。

为了健康着想，也许我们应该在生活中，至少在有些时候，让自己处于没有网络信号的环境中。最好是有意识地在某些时间断掉网络，更好地适应没有网络信号的环境。不过，主动断网是让人难受的。比如，飞机在航行期间是不能使用手机的，我们可以看到很多人在飞机起飞前对手机恋恋不舍，不愿意关机，因为虽然有种种弊端，但是网络所带来的那种轻松的即时满足还是会让人成瘾。就像赌博，它让人有机会一夜致富，因此人们就会对赌博成瘾，即使损失惨重也难以摆脱。网络成瘾，其危害也许没有赌博的危害那么大，但是不管怎么说也是一种成瘾，因此**人们一旦接触了网络就很难离**

开。人们有时会尝试暂时戒掉网瘾，比如朋友聚餐的时候，为了让大家更专心，有的人会提议收掉大家的手机，但这种做法很难真正执行。据我所知，只有在寺庙中参加静心训练营时，借助宗教的力量，没收手机才能够得到执行。

也许，将来某些心理训练场所或是某些特别的旅游场所，可以明确地采用“网络信号屏蔽”的措施，强行形成一个没有网络信号的环境。而且要利用这段短暂的无网络时间安排一些活动，让人们真正体验到无网络环境优点，这样，人们才能在网络信号的有无之间找到一点平衡。

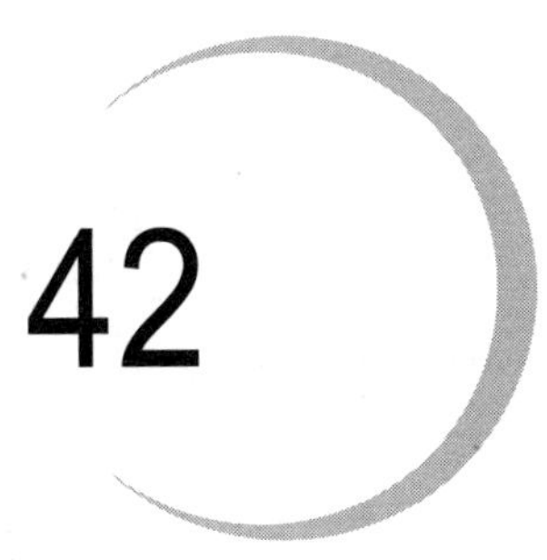

42

外来的环境对人的影响

当外国人来到中国，他们带来了不同的文化、不同的风俗，也带来了不同的环境。

外国人也有乡恋，所以他们不仅是在不经意中带来新的环境要素，更经常有意地把家乡的环境移植过来，带到他们在中国的新家之中。

国外特有的植物，是他们最常带来的环境要素。

中国现在最常见的那些植物，有许多都是来自异域。“好一朵美丽的茉莉花”，这茉莉花常常被当作中国的象征，或者更具体地说是江南的象征。然而，茉莉花本来并非中国的，它来自中亚。那些富有的波斯商人来到大唐做生意，在中国置办了房产，在院子中种上茉莉花，营造自己家乡的感觉。石榴也来自中亚，《一千零一夜》中的中亚人都喝石榴汁。而波斯商人们坐在中国新家的院子中，在移植的石榴树的艳红花朵下，感受到的是中亚人的幸福。

当中国人也把茉莉花和石榴树移植到自己的院子里时，他们不只是移植了花树，实际上，他们种下的是他们所感受到的那些波斯商人的心理活动。我们要注意，其实他们的感觉和那些波斯人的感觉不完全一样：他们感觉到的是他们心目中的波斯人，和真正的波斯人有相同也有不同。可能在当时的中国人的感觉中，这就是一种富贵的、享受人生的象征。美女之所以都穿石榴裙，而且男人会“拜倒在石榴裙下”，也许就是因为在中国人的心目中，本地的美女都比较收敛，不会那么张扬，而穿石榴裙的西域美女则带来了一种张扬的女性风情。在某种意义上，我们可以说，这些中亚植物的引入让中国人的整体性格有所改变，多了一些异域风情。

等到玉米、红薯、烟叶等移植到中国时，情况就有所不同。这些作物原产于美洲，是印第安人的作物。而印第安人并没有来到中国，也没有和中国人有过任何交流。因此，这些作物并没有带来多少文化心理的影响。

咖啡的情况又有所不同。咖啡豆同样原产于美洲，印第安人也还是没有来中国，但是带咖啡来中国喝的是欧洲白人。欧洲白人和美洲白人来到中国后，也将他们非常完备、高度发展的文化带了过来。而且，这种文化在和中国本土文化交流的过程中显示出非常强大的生命力，在某些方面有非常优秀的特质。

因此，咖啡不仅是一种植物饮品，更是成了一种生活方式。在人们心中，这种生活方式象征着现代、时尚和全球化。而且，由于电影中欧洲人恋爱的场景经常发生在咖啡厅，因此咖啡在一些中国年轻男女的心目中还有高雅和浪漫的感觉。而这种感觉在欧美人心目中也许未必存在，因为去咖啡厅只是他们日常生活的一部分而已。但不管怎么说，咖啡的存在改变了中国人恋爱时的心理感受，使之更加欧美化了。

除了植物之外，动物也有很多来自异域。古代中国人最关心的可能是“西域名马”，而近年来，对中国人的环境影响最大的是各种宠物犬种的引进。宠物犬让中国城镇居民的生活方式发生了极大的改变。

外来的建筑风格更是极大地影响着国内的环境，进而影响着中国人的情绪、性格。近几十年来，这些外来的建筑风格不仅代表着欧美文化，也代表着现代化，还与科技的进步所带来的材料和技术的巨大变革有关，情况比较复杂。

过去，北京的建筑以四合院为主。这种建筑的特点是，对外比较封闭，内部彼此之间比较开放。四合院的四周都是围墙，只有一扇大门通向外面。外墙上要么没有窗户，要么只有很小的窗户。四面是住房，围在中间的是院子。住房的门和窗都对着中间的院子。院里通常有金鱼缸、花草等装饰。日常，人们在院里活动。如果住在四合院里的是一个大家庭，那么这个家庭对外界来说是比较封闭的，而家庭中的兄弟姐妹之间是开放的，这恰恰反映了传统中国家族的文化特点。北京的胡同中常常有一些大树，以槐树为多。大人们在树下可以下棋或打扑克，孩子们可以在胡同中跑来跑去地玩，这就是老北京的社交生活方式。然而，1949 年之后，一个四合院中住的往往不是一家人，而是没有血缘关系的几家人。这种新的居住格局会使得人际关系呈现这样的特点：同一个院子中的几家人，会有一种大家族的感觉；同一个院子的小孩，虽然不是一家，但是会形成一个团体，和别的院子的孩子之间进行某些竞争；同一个院子里的几家人相处得比较好的，可以像一家人一样互相关照，而相处得不太好的，也会像大家庭一样有各种是非。

现在的住房则是以单元楼为主，没有院子或者胡同这种公共空间，但是小区中会有一个公共的活动空间。居住小区的活动区域，是更多的人共享的空间。四合院的院子，只是院子中几家人（一共十几人，最多二三十人）的公共空间。胡同大树下，也不过是附近几个院子百八十人的公共空间。而现在的小区中的公共空间，则是全小区几千人共用的。因此，四合院的邻居彼此都很熟悉，而住楼房的人们，邻里之间就不那么熟悉了。几千人共用的公共空间中，人数太多，也不方便互相熟悉，所以从四合院搬到楼房住的人就会感到孤独。尤其是老年人，他们会抱怨，没有老邻居，生活变得很无聊。

这种抱怨是有道理的，因为新的建筑格局不适合邻居之间的交流，老北京人的那种生活方式也就不容易维持。

过去，如果某一家夫妻闹矛盾或者发生亲子冲突，同一个院子的人都会听到，并且会去干涉——当然，主要是劝解。而现在，同一栋楼的邻居可能互相并不认识，每家都住在独立的单元房中，家里的事情邻居一般也听不到，所以即使家里发生了矛盾，周围邻居也不可能去劝解。这种新的居住模式实际上反映了欧美的价值观和文化——人要为自己负责，人际关系界限分明。好处是，人们的独立性强，但获得的社会支持就比较少了。

因此，楼房和四合院体现的是不同的文化，带来的是不同的生活方式。在楼房居住的人，如果出现心理问题，找邻居谈心是不太可能的，而职业的心理咨询才是时下首选的方式。

这就是外来的建筑形式带来的心理变化。

随着新一代人的出生和长大，他们适应了新的环境，也接受了新的文化，甚至对欧美文化比对中国文化更有好感。因此，他们会更主动地接受代表欧美文化的建筑形式。如今的许多楼盘都用欧美化的名字来命名，这正是对这种趋势的回应。

城市的中心花园或公园的设计也逐渐欧美化。比如，老北京原来以树木为主要绿化植物，树荫下就是人们下棋、打牌、聊天的地方。而如今的公园，往往模仿欧美的公园用大片的草地代替树木，这种模仿是盲目性的。因为北京和欧洲城市的气候不同，北京气候更干燥且紫外线强，所以大片的草地需要很多水去浇灌，这是很不经济合理的。种植树木本来是更好的选择，而且，没有了树荫，公园的草地也就很难被利用来进行社交活动。老北京人把这叫作“不种树光种草，晒得老头到处跑”，认为这种外来的环境样式并不适合北京。但真的不适合吗？也未必。在奥林匹克森林公园，现在的年轻人开始模仿欧洲人，带着大阳伞和帐篷去草地上休闲。有了阳伞和帐篷，没有树荫的困境就可以解决。只不过，这种环境的变化会进一步让年轻一代中国人的心理状态趋向欧美化。

世界永远在变化。**外来的人带来外来的环境，新的环境塑造新的人，而新的人又创造新的环境，新的环境也许又传播到别的地方**。千年以前外来的环境要素，在今天的我们看来却是“最中国的”，而明天的中国会是什么样子，我们无从得知。人和环境就是这样相互影响，从而带动这个世界无休止地转变。

43

有文化的环境，才是真正有“人”的环境

文化是无形的，但是它会在许许多多有形的器物上显现其形象。这些器物就是文化的载体，或者说文化的化身。

保留和收藏这些作为文化载体和化身的器物，就是在保存文化，而毁灭它们就是在攻击和毁伤这种文化。如果把文化比作九头蛇，那么每个具体的化身都是这条九头蛇的一个头。砍它的头就是在伤害这条蛇，虽然被砍掉的头可以再生，但是如果再生的速度赶不上被砍的速度，或者再生遇到了阻碍，这条蛇就会死去。也就是说，虽然文物并不是文化本身，但是如果毁坏文物的速度超过新的文物诞生的速度，或者文物的新生被阻止，那么文化也有可能被毁灭。

比如一幅古代的山水画，它不仅是一幅画，更是古人的一种生活方式，这种方式被称为“寄情山水”。山水，在古人心目中象征的是没有被污浊的社会现实所污染的纯洁的心。寄情山水就是让自己的心暂时忘记争权夺利、

功名利禄，回到最初的自然状态上去。人之初，性本善，重拾没有被社会污染的初心，就得到了真正的赤子的善良。这种思想就是一种文化。

因此，人们欣赏山水，不仅是观赏风景，而是认同一种文化精神。山水画的作用就是提醒人们不要忘记这种文化精神。常常欣赏山水画，古人就能让自己的心态一直保有纯洁和自然的部分。

收藏古代的文物，实际上和保护珍稀动物是一个道理，都是在保留一种文化。有些古代文物已经没有实用价值，现代人也不再用这类东西了。比如，现代人已经基本不再使用砚，即使是书法绘画爱好者，也是直接使用墨汁而不自己研墨。但是保留古砚，就直观地保留了对古人生活的一个记忆，也保留了对古人心理的一种理解，从而保留了一种文化——当然，现代人可能会以全新的方式来体现这种文化。

因此，**真正的收藏者并不是那些靠买卖古物来赚钱的人，而是文化的记忆者和传承者**。一个人家中有什么古物，实际上也就保留着相应的古人的精神。鉴赏文物，同时被文物所感染，而和古人之心相通。

当然，古人的精神未必全都值得发扬。比如，烟枪象征着清代某些有钱有地位的人那种浑浑噩噩的生活态度和奢靡的享受文化，这就不值得发扬，但是值得被记忆。因为这种记忆可以警示我们，要注意避免古犯人所犯的错误，正如某博物馆的说法，“为了和平，收藏战争”。

既然文物上承载着文化，那么如果有人试图消除一种文化，就会去毁坏这些文物。塔利班、伊拉克和大叙利亚伊斯兰国等恐怖组织都对很多“异教”文物进行了野蛮的破坏。

环境中的文物，就是环境中的文化。有文物的环境就是有文化的环境。有文化的环境就是让人的心灵不仅满足于基本生存，还在精神上有所追求、有所享受的环境。这才是真正的有“人”的环境。

44

乾隆爷吃过多少名小吃

我打赌，你也曾经在某个地方的小吃店吃过乾隆爷盛赞的某种小吃。中国人这辈子没有吃过乾隆爷吃过的小吃或菜品简直太难了，毕竟乾隆爷认证过的这些著名食品天南地北到处都有。我也曾经吃过好多种，实在太多，所以我也不记得都是什么了。说实话，就算我记得，打死我我也不说，免得得罪了它们的主人。但是我估计你可能会记得，比如那个什么，还有那个什么，都是乾隆爷吃过而且赞不绝口的。

认真算起来，乾隆爷几次下江南，加起来总共才多少时间，足够他跑来跑去到那么多地方，饥肠辘辘地等待吃那些小吃、面条、这汤那菜吗？我估计如果把那些小吃加起来，够乾隆爷吃一辈子还有富余。而且，乾隆爷吃完之后一贯都是赞不绝口。这乾隆爷也太没有开过眼了（或者应该说“没有开过嘴”），吃什么都赞不绝口，他难道没吃过好东西吗？

显然，这些关于乾隆爷吃过什么的传说，多数都是编造的。也许其中有个别的是真的，所以我也不敢说全部是编造的。编造的原因非常简单，无非就是打个广告来宣传一下而已。有乾隆爷这么个历史名人打广告，生意当然更好一些。

但是，为什么总是乾隆爷？为什么选择其他名人的如此之少？这就和心理学有关了。

从心理学角度看，并不是谁都可以用来打广告的，入选的条件首先是这个人要足够有名，应该是所有潜在受众都听说过且熟悉的名字。而百姓能记住的名字是非常有限的，这就淘汰了许多名人。比如，《三国演义》中有很多智力超群的谋士（如贾诩、郭嘉等），但是老百姓能记住的无非是诸葛亮。由于这种记忆局限，人们喜欢以少数几个人作为代表，把同一类的事情都归结到他们身上。比如，把智力超群的事情都归到诸葛亮身上：诸葛亮草船借箭、诸葛亮火攻曹操战船、诸葛亮唱空城计……尽管这些事情可能完全是别人所为。同样，维吾尔族的大多数智慧小故事中，主角都是阿凡提，似乎除了他就再没有其他聪明人了。不要说小餐饮店老板知识有限，就算专门找个秀才来编故事，估计他也记不住多少个名字，所以也只能用那几个家喻户晓的名字了。

刚刚说到，人们常常把同一类事情归结到一位名人的身上，那么什么事情归结到哪个名人身上，就要看这位名人是因何而有名了。智力超群的是诸葛亮，但是如果要说勇冠三军，那就只能是张飞了。乾隆爷怎么就成了“吃货”的代表呢？一是因为他是皇帝，在百姓心目中，皇帝天天吃的都是龙肝凤髓、山珍海味，所以他对于吃最有发言权。如果让包拯、海瑞来代言某种小吃，显然就没有什么意义。另外，皇帝一般都是在皇宫里用膳，很少有谁会到市井街巷来吃饭。有过这种经历且适合编故事的，无非就是明武宗（即正德皇帝朱厚照），还有康熙皇帝、乾隆皇帝等少数几个人而已。而明武宗是明朝的皇帝，所以不适合代言清代的小吃店、面店、菜馆，否则各地早就会出现大量正德爷赞不绝口的名小吃了。康熙皇帝也下过江南，但是和乾隆相比，还是显得太“正统”了。乾隆时期毕竟承平已久，没有康熙时的压力，所以乾隆皇帝就可以到处题诗刻碑、附庸风雅，这样的一个形象显然更适合餐饮业的需要。

另外，在编造这种故事的时候，古代的小老板们实际上也并没有太多的创意，有人编了一个“乾隆爷喝汤”的故事，另一个人就跟着编了一个“乾隆爷吃菜”的故事。我们会发现，故事虽然多，情节却都十分相似，无非都是乾隆爷微服私访到了一个什么地方，饿得厉害，找个小店吃饭。而店里刚好材料不足，于是老板随手用仅有的几样食材做了一个菜，没想到乾隆爷吃了赞不绝口。然后，要么是问名字的时候发生了误会，让乾隆爷误以为这菜叫什么名字，要么就是直接赐了一个名字。如果有续集，那就是乾隆爷回宫后如何想念这口吃的等。古代没有新闻媒体，故事传播得不远，所以当一个菜馆老板从临近某镇抄袭来了这个创意，食客并不会知道这个故事是抄来的。当然，他们也未必相信乾隆爷真的来过，但是当下一任老板继续讲这个故事的时候，也许食客就半信半疑地以为真有其事了。就算不相信，也会觉得这个说法很有意思，于是这个传说也就流传下来了。

在我年少无知的时候，对于这种胡编滥造的故事都是很不屑的。我觉得换作我，一定能编出更好的故事，而且主角一定不选乾隆——比如，我可以选李渔，那才是真正的美食家；或者至少选袁枚，好歹人家更有品位。不过现在我知道，餐饮店小老板虽然读书比我少，却比我精明。选择用李渔来编故事，还需要先普及李渔的知识，而且即使普及了，大家也未必能体会李渔的情怀，所以李渔的故事还是留给李渔故里就好了，其他地方还是选择乾隆更方便，也会吸引更多的客户带来更多的钱。

当今，这种做法依旧存在。乾隆爷虽然已经不再为饭馆服务了，但是电影电视明星、文化界名人等也可以起到类似的作用。而且，有合影或匾额为证，这样的故事往往更有说服力。不过，也有一点不足——明星可能会过气。明星过气后，食客可能根本不知道照片上的人是谁。

反倒是某某电影在这里取景，或者中央电视台某节目曾经报道过，效果更好而且更保险。因为中央电视台不会过气，如果刚好是美食类节目（如《舌尖上的中国》）就更好不过了。

因此，对于餐饮店的环境，装饰之物并非只有铁木金石、塑料油漆，还有一种特别的装饰，就是古今名人的故事和传说。有了乾隆爷的故事下酒，乡镇小菜和街边小吃也可以有滋有味。假如哪家茶馆请来李渔陪客人喝茶，那么其文化环境和格调自然非同一般，茶的价值也就不可同日而语了。李师师和美丽的村姑李氏，外貌上未必有多少差异，但是李师师被徽宗爷赞不绝口，论身价，李氏哪里能及其万一？

后记 隐士的朋友最多

说起这本书的缘起，先要说说我工作的单位——北京林业大学，以及我所在的具体院系——人文社会科学学院心理学系。

我的专业是心理咨询，每当我说我在北京林业大学心理学系工作时，常常会听到这样的反应：林业大学怎么会有心理学系？难道你是给树做心理咨询吗？

如果认真地解释，我会说，北京林业大学是一所综合性大学，它的专业不限于林业，还包含很多和林业无关的，比如外语系、法律系和经济管理系等，当然也有心理学系。我所研究的心理咨询，主要还是针对人的。不过这样说太烦琐了，所以我常常会简单地回答说："我是在树林里给人做心理咨询的，那里效果好。"当然，这也不是事实，不过话说回来，在树林里不管做不做心理咨询，人的心理状态一般都会比较好。

据说，北京林业大学以前是研究砍树的，后来改为研究种树以及环境保护等，所以，北京林业大学的心理学系的确免不了要研究树，还有环境。因此，环境心理学也是我们系的一个研究方向。我也就参与了一点点环境心理学方面的工作，比如翻译一些环境心理学的书，研究环境对心理的作用等。

不过，在翻阅环境心理学文献的时候，我的中国心时常受到刺激。业内一般认为中国的环境心理学比较落后，所以更多地推崇西方（主要是美国）的环境心理学。美国的环境心理学的确有其长处，研究认真细致，方法缜密，但是我总觉得缺少一些东西，让我感觉无趣。那么，到底缺少什么呢？我觉得是缺少中国人所倡导的那种人和大自然之间的爱。没有理智的爱是盲目的，但是有理智而没有爱，就只是冰冷的科学。大气污染、土壤沙化、动植物濒危甚至绝种，往往不是因为人们不科学，恰恰是借助了科学的力量而造成的。古代中国人所倡导的人和大自然之间的融合，本来刚好可以弥补现有科学的不足，却没有被心理学界认识——这有点刺激我。

然而，中国古人的东西直接搬来用也不方便，毕竟那些阴阳五行被一些江湖人士弄得过于玄虚，是当代追求真理的人所不能接受的。我们还需要借助更理性的方法来研究问题。

因此，我想做一点事情，启发后人研究一些新形态的环境心理学。

现代西方主流的科学思想的根源是希腊哲学，比如，毕达哥拉斯对数的理解，成就了当代科学心理学的量化研究等。而现代西方人的精神沿袭了基督教的传统，基督教认为人是上帝最重要的造物，所以大地山河、鱼鸟草木都是上帝为了满足人的需要而准备的。在这种理念下，人是主体，环境则是为人服务的。

中国人的精神源流则是先秦的思想。先秦的诸子百家，大多对环境都不是这种功利性的态度。中国人认为，人是自然之子。大而言之，人要与天地精神相往来；小一点说，人本身就是一个小天地，要和天地自然相调和，才能拥有健康的身体和心理。因此，古代中国人和环境之间的关系最为和谐。春风秋雨、花开花落、小桥流水，构成了中国人的日常生活。唐诗宋词，都在教中国人如何理解自然、感受自然和回应自然。中国古人不会粗暴地改造自然，而是和自然相融合。即使是大兴土木，也会尽量适应原来的环境。

我认为这种精神是一种和环境之间的对话。看云卷云舒，感受斜风细雨，是在聆听自然环境对我们说话；而手植松柏、凿池筑台，则是在回应自然。而在这种聆听与回应的对话中，有一种人和环境之间的深情。正所谓："我见青山多妩媚，料青山见我应如是。"古人隐居深山，以现代人的心情揣度，一定会觉得他们异常孤独。毕竟在深山中，人烟稀少，难得有多少交往，和城市中灯红酒绿的繁华不可同日而语。其实不然，当人们懂得和环境、自然对话，那么鱼鸟麋鹿都是朋友，花树水月都是朋友，隐士有最多的朋友，也有最丰富的心灵。

因此，作为心理学家，我研究了人和环境的心理对话，并发现人和环境对话的基本方式是利用心理意象。**这本书就是介绍人和环境之间是如何用意象进行对话的，以及人和环境之间是如何通过意象来互相塑造的。**

知识的作用是交流。本书中，我用日常的语言，把我对环境心理学的初步研究呈现给大家。书中当然也不可能都是阳春白雪，也有不少实用的环境心理学知识，希望能对大家有所启发。也希望我们都能爱惜环境、保护环境，同时也让我们内心拥有美好的心境。

北京阅想时代文化发展有限责任公司为中国人民大学出版社有限公司下属的商业新知事业部，致力于经管类优秀出版物（外版书为主）的策划及出版，主要涉及经济管理、金融、投资理财、心理学、成功励志、生活等出版领域，下设“阅想·商业”“阅想·财富”“阅想·新知”“阅想·心理”“阅想·生活”以及“阅想·人文”等多条产品线，致力于为国内商业人士提供涵盖先进、前沿的管理理念和思想的专业类图书和趋势类图书，同时也为满足商业人士的内心诉求，打造一系列提倡心理和生活健康的心理学图书和生活管理类图书。

《意象对话心理治疗（第 3 版）》

- 中国心理学界的扛鼎人物、著名心理学家、意象对话疗法创始人朱建军开山之作最新修订版。
- 一本影响中国本土心理咨询与治疗发展的经典传承著作。
- 中国心理卫生协会精神分析专委会副主委、中国医师协会心身医学专委会副主委、主任医师张天布作序推荐。
- 孙时进 / 李明 / 徐钧 / 张沛超 / 东振明 / 慈藏等众多知名心理专家联袂推荐。

《成人之美：明说叙事疗法》

- 中国叙事疗法奠基人、中央国家机关心理咨询服务中心督导专家李明博士全新力作。
- 第一本将叙事疗法本土化的图书、学习叙事疗法的必读书。
- 聆听生命故事，从平常人、平常事中发现不平常之处，成为自己人生问题的专家。
- 北京中医药大学国学院首任院长张其成，中国社会心理学会会长、中国心理学会副理事长、亚洲社会心理学会（AASP）主席张建新联袂推荐。